JN023689

第2版

演習で学ぶ 力学の初歩

鴈野重之・中村賢仁・三澤賢明
共著

学術図書出版社

はじめに

理工系学部・学科に進学したものの，物理を高校で学んでいなかったり，学んでいても理解に自信がなかったりする学生が増えている．本書は，一通り物理を学んだ学生から初めて学ぶ学生までを，読者として想定している．物理の問題を解くことに慣れている学生は，微分・積分を使ってもう一度力学を学んでほしい．高校で学んだ物理と数学がリンクして，概念や公式がすっきりと整理されるだろう．物理の問題を解いたことのない学生は，物体の 1 次元の運動 (直線運動) に的を絞り，中学・高校の数学の復習から始めて，物理的な考え方を学んでほしい．本書が扱う力学の内容はとても限定されている．本書の内容をしっかり自分のものにした後，力学や物理学の数多ある良書を手にとって，物理学をさらに深く学び続けてほしい．

目　　次

力学

物理量の表し方と基礎数学

◆ 第1章 ◆

力の合成・分解，力のつり合い

■**力**■　物体を変形させたり，運動を変化させ
たりするはたらきをするものを**力**という．力
はベクトルであり，ベクトルの記号は $\boldsymbol{F}$ や $\overrightarrow{F}$
で表され，その大きさは F や $|\boldsymbol{F}|$ と表される．
力を図に表すときは矢印を用いる．矢印の始点

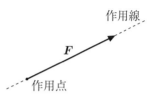

が力のはたらいている点 (作用点) を表し，力の大きさに比例させた長さで力の
向きに矢印を描く．作用点を通り，力の方向に引いた直線を**作用線**という．力
の単位は，**ニュートン** (記号 N) を用いる．$\mathrm{N} = \mathrm{kg} \cdot \mathrm{m/s^2}$ である．力のベクト
ルを作用線上で移動させても，力のはたらきは変わらない．

■**力の合成**■　1つの物体に複数の力が作用して
いるとき，それらの力と同じはたらきをする1つ
の力を考えることができる．この力を**合力**という．
合力を求めることを，**力の合成**という．2力の合
成の場合，矢印の始点をそろえた後，2力を隣り

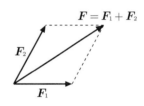

合う2辺とする平行四辺形を描く．合力は，図のように，平行四辺形の対角線
に引いた矢印により表される．このように2つの矢印を，**平行四辺形の法則**を
使って1つに合成して合力を求める．

■**力の分解**■　1つの力は，任意の2つ以上の
方向の力に分けることができる．これを**力の分
解**という．分けられたそれぞれの力を**分力**とい
う．1つの力は直交する2つまたは3つの軸方
向に分解できる．2次元の場合，x 軸，y 軸の

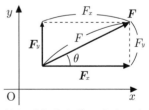

2つの方向に分解し，分力を F_x，F_y のように下付き添え字を使い表す．大き
さ F の力が x 軸となす角を θ とすると，

$$F_x = F\cos\theta, \quad F_y = F\sin\theta$$

と表される．これらを，力の x 成分，y 成分という．

$$F = (F_x, F_y) = (F \cos \theta, F \sin \theta)$$

また，成分 F_x, F_y より，力の大きさ F，力と x 軸とがなす角 θ を求めるには，

$$F = \sqrt{F_x^2 + F_y^2}, \ \tan \theta = \frac{F_y}{F_x} \ \text{より} \ \theta = \tan^{-1}\left(\frac{F_y}{F_x}\right)$$

とする．角 θ を求めるときは，象限に気をつける．

■力のつり合い■ 1つの物体に複数の力がはたらいているが，物体の運動が変化しない場合，つまり物体がずっと静止したまま，または物体の速さと向きが変わらない場合，力がお互いに打ち消し合って合力が 0 となっていなくてはならない．このとき，力のつり合いが成立している．

物体に，n 個の力 $\boldsymbol{F}_1, \boldsymbol{F}_2, \cdots, \boldsymbol{F}_n$ がはたらいていて力がつり合っているとき，

$$\boldsymbol{F}_1 + \boldsymbol{F}_2 + \cdots + \boldsymbol{F}_n = \boldsymbol{0}$$

と表される．

例題 1.1 図に示したように，原点にある質点に力が加わっている．ただし，力の大きさは 1 マスで 1 N とする．

(1) 力 $\boldsymbol{F}_1$ と $\boldsymbol{F}_2$ の合力 $\boldsymbol{F}_{12}$ を平行四辺形の法則を使って求めよ．

(2) 力 $\boldsymbol{F}_{12}$ と $\boldsymbol{F}_3$ の合力 $\boldsymbol{F}$ を平行四辺形の法則を使って求めよ．

(3) 力 $\boldsymbol{F}_1$，$\boldsymbol{F}_2$，$\boldsymbol{F}_3$ を成分で表せ．

(4) 力 $\boldsymbol{F}_1$，$\boldsymbol{F}_2$，$\boldsymbol{F}_3$ の合力 $\boldsymbol{F}$ を成分で表せ．

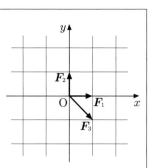

---

(1) 力 $\boldsymbol{F}_1$ と $\boldsymbol{F}_2$ の合力 $\boldsymbol{F}_{12}$ を求めるには，力 $\boldsymbol{F}_1$，$\boldsymbol{F}_2$ を 2 辺とする平行四辺形を描き，対角線上に矢印を描く．

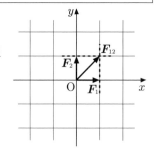

(2) 力 $\boldsymbol{F}_1$，$\boldsymbol{F}_2$，$\boldsymbol{F}_3$ の合力 $\boldsymbol{F}$ を求めるには，力 $\boldsymbol{F}_{12}$，$\boldsymbol{F}_3$ を 2 辺とする平行四辺形を描き，対角線上に矢印を描く．

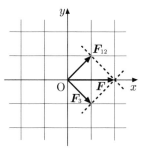

(3) 力 $\boldsymbol{F}_1$，$\boldsymbol{F}_2$，$\boldsymbol{F}_3$ を成分で表せば，それぞれ $(1.0\,\mathrm{N}, 0.0\,\mathrm{N})$，$(0.0\,\mathrm{N}, 1.0\,\mathrm{N})$，$(1.0\,\mathrm{N}, -1.0\,\mathrm{N})$ と書ける．

(4) 合力 $\boldsymbol{F}$ は，成分ごとに和をとって，
$$\boldsymbol{F} = (1.0 + 0.0 + 1.0,\ 0.0 + 1.0 + (-1.0)) = (2.0\,\mathrm{N}, 0.0\,\mathrm{N})$$
と求まる．

例題 1.2　xy 平面上で大きさが $2.0\,\mathrm{N}$ の力が，x 軸と $60°$ の角度をなす方向にはたらいている．この力の x 成分と y 成分はそれぞれいくらか．

この力の x 成分は
$$F_x = F\cos 60° = 2.0 \times \frac{1}{2} = 1.0\,\mathrm{N}$$
であり，y 成分は
$$F_y = F\sin 60° = 2.0 \times \frac{\sqrt{3}}{2} = 1.73\cdots \cong 1.7\,\mathrm{N}$$
と求まる．

●問題演習 1●

問題 1–1　次の図に示す力の合力を平行四辺形の法則により作図せよ．

(1)

(2)

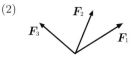

問題 1–2　xy 平面上のある力の x 成分が 8.0 N，y 成分が 6.0 N として与えられるとき，この力の大きさを求めよ．

問題 1–3　図のように，物体に 10 N の力を x 軸と 30° の角度をなすように加えた．この力の x 成分と y 成分を求めよ．

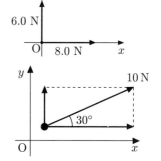

問題 1–4　物体に図のような大きさの複数の力が作用している．合力の大きさを求めよ．

(1)

3.0 N　2.0 N

(2)　2.0 N
60°
2.0 N

(3)　2.0 N　120°
2.0 N

(4)　2.0 N
4.0 N　2.0 N

(5)　20 N
60°
40 N

問題 1–5　2 つの力 $\boldsymbol{F}_1 = (5.0\ \mathrm{N}, 7.0\ \mathrm{N})$，$\boldsymbol{F}_2 = (3.0\ \mathrm{N}, -2.0\ \mathrm{N})$ が，物体にはたらいている．

(1)　2 つの力の合力 $\boldsymbol{F}$ を求めよ．

(2)　合力 $\boldsymbol{F}$ の大きさを求めよ．

(3)　合力 $\boldsymbol{F}$ が x 軸となす角 θ を求めよ．

問題 1–6　原点 O にある質点に 3 つの力
$\boldsymbol{F}_1 = (2.0\,\text{N}, 1.0\,\text{N})$, $\boldsymbol{F}_2 = (0.0\,\text{N}, 1.0\,\text{N})$,
$\boldsymbol{F}_3 = (-1.0\,\text{N}, -3.0\,\text{N})$ がはたらいている．次の問
いに答えよ．ただし，1 N の大きさはグラフ用紙の 1
目盛とする．

(1)　3 つの力を図示せよ．

(2)　合力 $\boldsymbol{F}_1 + \boldsymbol{F}_2 + \boldsymbol{F}_3 = \boldsymbol{F}$ を図示せよ．

(3)　合力 $\boldsymbol{F}$ の大きさおよび x 軸となす角 θ を求めよ．

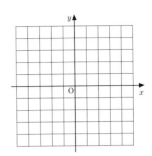

問題 1–7　xy 平面上で大きさが 10 N の力が，x 軸と $120°$
の角度をなす方向にはたらいている．この力の x 成分，y
成分はいくらか．

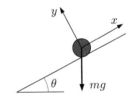

問題 1–8　図のように，水平方向と角度 θ をなす方向
に $x\,\text{–}\,y$ 軸をとるとき，鉛直下向きにはたらく大きさ
mg の重力の x 成分および y 成分はいくらか．

◆ 第2章 ◆

いろいろな力

▌いろいろな力▐

① 重力

地表付近では，物体には鉛直下向きに質量 m に比例する力がはたらく．これを**重力**という．重力の大きさは mg で，向きは鉛直下向きである．ここで，g は**重力加速度の大きさ**で，場所によって異なるが $g = 9.8\ \mathrm{m/s^2}$ とすることが多い．なお，**重さ**とは重力の大きさのことで，質量と区別する必要がある．

② 万有引力

全ての物体の間には引力がはたらく．これを**万有引力**という．質量 m_1 の物体1と質量 m_2 の物体2があり，両者の間隔を r とすると，万有引力の大きさは，次式のようになる．

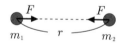

$$F = \frac{Gm_1m_2}{r^2}$$

ここで，G は万有引力定数で，$G = 6.674 \times 10^{-11}\ \mathrm{N \cdot m^2/kg^2}$ である．

③ 張力

糸が物体に及ぼす力を**張力**という．質量の無視できる軽い糸にはたらく張力は，糸のどこでも大きさは等しい．張力は T とおいて，式を立てる．

④ 抗力 (垂直抗力と摩擦力)

物体が面から受ける力を**抗力**というが，面に対し垂直な成分を**垂直抗力** (記号は N) といい，平行な成分を**摩擦力**という．静止している物体にはたらく摩擦力を**静止摩擦力**という．静止摩擦力は物

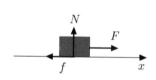

体にはたらく力がつり合うように生じているので，この力を f とおいてつり合いの式を立てて求める．静止摩擦力には最大値が存在し，**最大摩擦力**という．最大摩擦力の大きさは**静止摩擦係数** μ と垂直抗力 N との積 μN で求められる．

運動している物体にはたらく摩擦力のことを，**動摩擦力**という．大きさは物体にはたらく垂直抗力 N と動摩擦係数 μ' の積 $\mu' N$ で求められる．動摩擦力は物体の速さにはよらず一定である．静止摩擦係数と動摩擦係数は，物体と面との組み合わせで決まる．一般に，摩擦力がはたらく面を**あらい面**，摩擦力がはたらかない理想的な面を**なめらかな面**と表現する．摩擦力のはたらく方向は，運動の方向と逆となる．

⑤　ばねの弾性力

ばねには元の長さ (自然長) に戻ろうとする性質がある．ばねが物体に及ぼす力である**弾性力**は**復元力**とよばれる．ばねが伸びる方向を正の向きとし，伸びを x とすると，弾性力は伸びに比例するので

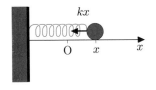

$$F = -kx$$

と表される．これを，**フックの法則**という．この比例係数 k は**ばね定数**といい，単位は N/m である．

▐**圧力**▐　物体が面を通して力を受ける．面積 S の領域に対し大きさ F の力が垂直にはたらくとき，単位面積あたりの力の大きさを**圧力**といい，

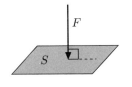

$$P = \frac{F}{S}$$

のように定義する．単位は，パスカル Pa $= $ N/m^2 である．

▐**浮力**▐　流体中で物体が重力と逆向きに流体から受ける力を**浮力**という．これは，流体中の高さにより物体が流体から受ける圧力が異なることが原因である．流体の密度を ρ，物体の体積を V とすると，浮力の大きさ F は，物体が押しのけた流体にはた

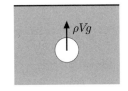

らく重力に等しく

$$F = \rho V g$$

となる．これを**アルキメデスの原理**という．

例題 2.1　　質量が 10 kg の物体があらい水
平面の上に置かれている．この面の静止摩擦
係数は 0.50 である．この物体に糸を付け，右

向きに引く．重力加速度の大きさは 9.8 m/s^2 として，次の問いに答えよ．
(1)　この物体にはたらく重力の大きさはいくらか．
(2)　この物体が水平面から受ける垂直抗力の大きさはいくらか．
(3)　糸の張力が 10 N のとき，物体にはたらく摩擦力の大きさはいくらか．

---

(1)　物体にはたらく重力の大きさは $mg = 10 \times 9.8 = 98$ N である．

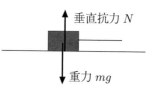

(2)　垂直抗力を N とすると，鉛直方向の力
のつり合いの式は $N - mg = 0$ となる．
よって，$N = 98$ N と求まる．

(3)　この物体にはたらく最大摩擦力は $\mu N = 0.50 \times 98 = 49$ N である．このことから，
糸の張力が 10 N のとき，物体は静止した

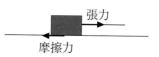

ままであることがわかる．つまり，物体にはたらく摩擦力は静止摩擦力で
あり，水平方向の力のつり合いから，その大きさは 10 N である．

●●問題演習 2●●

問題 2–1　　次の問いに答えよ．ただし，重力加速度の大きさは 9.8 m/s^2 とする．
(1)　質量 5.0 kg の物体にはたらく重力の大きさはいくらか．
(2)　水平な机の上においた質量が 0.75 kg の本にはたらく垂直抗力の大きさはいく
らか．
(3)　質量 0.20 kg のおもりを糸につるした．糸の張力の大きさはいくらか．

(4)　天井からつるしたばねに質量 1.0 kg のおもりをつるしたら 0.10 m 伸びた. このばねのばね定数はいくらか.

(5)　空気の密度は 1.3 kg/m^3 である. 体積が 1.0×10^2 m^3 の気球にはたらく浮力の大きさはいくらか.

(6)　大気圧の大きさを 1.0×10^5 Pa とする. 1 辺の長さが 0.10 m の正方形をした水平な面に対して垂直にはたらく力の大きさはいくらか.

問題 2–2　ばね定数が 20 N/m で自然長が 50 cm のつるまきばねを, 5.0 N の力で引っ張るとき, 全体の長さはいくらとなるか.

問題 2–3　動摩擦係数が 0.20 の床の上で, 質量 5.0 kg の物体を 30 N の力で右向きに引くとき, 物体の加速度はいくらとなるか. ただし重力加速度の大きさは 9.8 m/s^2 とする.

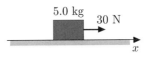

問題 2–4　地球と太陽を質点とみなしてその間にはたらく万有引力を計算せよ. 地球の質量を 6.0×10^{24} kg, 太陽の質量を 2.0×10^{30} kg, 地球・太陽間の距離を 1.5×10^{11} m とし, 万有引力定数を 6.7×10^{-11} N·m^2/kg^2 とする.

問題 2–5　水平な床の上に, 質量 m の物体が静止している. この物体と床との間の静止摩擦係数は μ である. この物体に, 水平より 30° 上向きに力を加えて, 力の大きさを少しずつ大きくしていく. 力の大きさが F より大きくなると物体が動き出した. F を求めよ. ただし重力加速度の大きさは g とせよ.

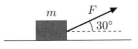

問題 2–6　地球の表面上に置かれた質量 1.0 kg の物体にはたらく万有引力を求め, 重力と同じ値になることを確かめよ. 地球の半径を 6.4×10^6 m とし, 地球は中心に質量 6.0×10^{24} kg が集中した質点とみなせるとする. ただし, 万有引力定数を 6.7×10^{-11} N·m^2/kg^2 とする.

問題 2–7　図のように重力の大きさが 2.0 N の物体を 2 本の糸でつった. 糸 1,2 の張力の大きさを求めよ.

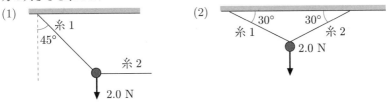

(3)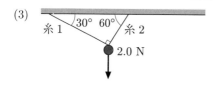

問題 2–8　半径 R，重力の大きさ W の円柱が，なめらかな 2 つの面 A，B にはさまれ静止している．面 A は水平面となす角度が $90°$，面 B は $30°$ である．

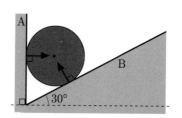

(1)　円柱が面 A から受ける垂直抗力の大きさはいくらか．

(2)　円柱が面 B から受ける垂直抗力の大きさはいくらか．

問題 2–9　容器に水を入れ，その中に糸を付けて天井からつり下げた金属球を入れた．水の密度を ρ，金属球の体積を V，質量を m，重力加速度の大きさを g として，次の問いに答えよ．

(1)　金属球が押しのけた水にはたらく重力の大きさはいくらか．

(2)　金属球が受ける浮力の大きさはいくらか．

(3)　糸の張力の大きさはいくらか．

問題 2–10　図のように，ばね定数が 2.0×10^2 N/m で自然の長さが 0.20 m のばねに，重力の大きさが 20 N の物体をつるし，机の上に置いた．

(1)　ばねを上に引いたところ，ばねの長さが 0.24 m になった．ばねの弾性力の大きさはいくらか．

(2)　(1) のとき，物体が机から受ける垂直抗力の大きさはいくらか．

(3)　ばねを上に引く力をしだいに大きくしていく．物体が机から離れるときのばねの長さはいくらか．

問題 2–11　断面積 S，高さ h の円柱を，円柱の上部が水面から d の深さになるように沈めた．大気圧を p_0，水の密度を ρ，重力加速度の大きさを g として，次の問いに答えよ．

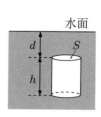

(1)　深さ d における圧力はいくらか．

(2)　円柱の上面が水から受ける力の大きさはいくらか．

(3)　円柱が受ける浮力はいくらか．

◆ 第3章 ◆

力のモーメント，力のモーメントのつり合い

質点と剛体 物体の質量のみを考え，大きさを無視した物体を**質点**という．一方，大きさを考えるが変形しない物体を**剛体**という．剛体として物体を扱う場合は，物体の回転を考える必要がある．

力のモーメント 物体の回転を引き起こす能力は，力の大きさ F と回転の中心 O から作用線までの垂線の長さ l (腕の長さ) の積で決まる．これを**力のモーメント**といい，その大きさ N は

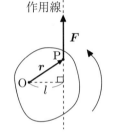

$$N = Fl$$

と書ける．単位は，N·m である．力のモーメントはベクトルであり，物体を回転させる方向により符号をつけ，反時計回りの場合は正，時計回りの場合は負とする[1]．ベクトルの外積を使うと，力のモーメントは，

$$\boldsymbol{N} = \boldsymbol{r} \times \boldsymbol{F}$$

のように表される．ここで $\boldsymbol{r}$ は，回転軸から力の作用点までの位置ベクトルである．このとき，力のモーメントの大きさは $N = Fr\sin\theta$ となる．

力のモーメントのつり合い 剛体が静止している場合，力のつり合いだけではなく，**力のモーメントのつり合い**も成立している．つまり，力のモーメントの和は 0 となる．

$$\boldsymbol{N}_1 + \boldsymbol{N}_2 + \cdots = \boldsymbol{0}$$

力のモーメントがつり合っている場合，回転軸以外の任意の点を回転の中心として力のモーメントを求めても，力のモーメントの和は $\boldsymbol{0}$ となる．

---

[1] ここでは，右手正規直交座標系を選び，符号を決めている．測量，地理学では左手座標系が選ばれ，力のモーメント，角速度の符号は逆となる (第 9 章参照).

▌**偶力**▌　大きさが等しく逆向きの2つの力の組を**偶力**という．偶力のモーメントの大きさは，力の大きさ F と2つの力の作用線の間隔である**偶力の腕の長さ** d の積で求められる．

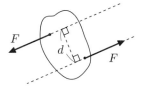

$$N = Fd$$

偶力のモーメントの大きさは，回転の中心の位置によらない．

▌**重心**▌　剛体を無数の小さな要素に分け，各要素に重力がはたらくと考える．剛体に対してはたらく重力の作用は，その各要素にはたらく重力の総和がただ1つの点にまとまってはたらくと考えてよい．この点を**重心**という．物体を重心で支えると，回転しない．最も簡単な2つの質点からなる系の重心 $\mathrm{G}(x_\mathrm{G}, y_\mathrm{G})$ は，物体1(位置 (x_1, y_1)，

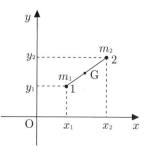

質量 m_1)，物体2(位置 (x_2, y_2)，質量 m_2) とすると，次のように求められる．

$$x_\mathrm{G} = \frac{m_1 x_1 + m_2 x_2}{m_1 + m_2}, \quad y_\mathrm{G} = \frac{m_1 y_1 + m_2 y_2}{m_1 + m_2}$$

重心を回転の中心とするとき，物体1，2にはたらく重力のモーメントの和は0になる．

例題 3.1　図中の点 O で，水平な紙面に垂直に物体を貫く回転軸がある．この物体に図のような力がはたらいている．図中1マスは1m とする．

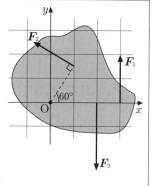

(1)　大きさが 2.0 N の力 F_1 について，点 O のまわりの力のモーメントを求めよ．

(2)　大きさが 2.0 N の力 F_2 について，点 O のまわりの力のモーメントを求めよ．

(3)　この物体が回転していないとき，力 F_3 の大きさはいくらか．

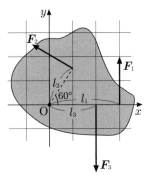

(1)　力 F_1 は物体を反時計回りに回転させよ
　　　うとするので，力のモーメントは正に
　　　なる．腕の長さ l_1 が 3.0 m であるので，
　　　点 O のまわりの力のモーメント N_1 は
　　　$2.0 \times 3.0 = 6.0$ N・m.

(2)　力 F_2 は物体を反時計回りに回転させよ
　　　うとするので，力のモーメントは正にな
　る．腕の長さ l_2 が 2.0 m であるので，点 O のまわりの力のモーメント
　N_2 は $2.0 \times 2.0 = 4.0$ N・m.

(3)　力 F_3 の大きさを F_3 とおく．この力は物体を時計回りに回転させよう
　とするので，力のモーメントは負になる．腕の長さ l_3 が 2.0 m であるので，
　点 O のまわりの力のモーメント N_3 は $-2.0F_3$. 物体が静止しているの
　であれば，力のモーメントがつり合っているので，$N_1 + N_2 + N_3 = 0$.
　つまり，$6.0 + 4.0 + (-2.0F_3) = 0$ を解いて，$F_3 = 5.0$ N と求まる.

●問題演習 3●

問題 3–1　図のように，長さ 0.50 m の金属棒の一端 O
が回転軸として固定されている．この棒の他端 P に，棒
と垂直で反時計回りの方向に 4.0 N の力を加える．この
とき，点 O のまわりの力のモーメントはいくらか．

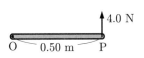

問題 3–2　点 O から右側へ 0.20 m 離れた作用線上に大き
さ 20 N の力が下向きに作用している．この力の点 O のま
わりの力のモーメントはいくらか．

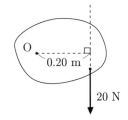

問題 3–3 長さ 2.0 m の質量の無視できる棒の両端 O，A に，それぞれ重力の大きさ 40 N，60 N のおもりを付けた．点 O を原点とし，点 O から点 A に向かう向きを正方向とした x 軸を考えるとき，この 2 つの物体の重心の x 座標を求めよ．

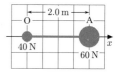

問題 3–4 図のように，長さ 0.50 m の金属棒の一端 O が回転軸として固定されている．この棒の他端 P に，棒の延長線と 30° の角をなし，反時計回りの方向に 4.0 N の力を加える．このとき，点 O のまわりの力のモーメントはいくらか．

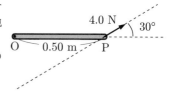

問題 3–5 点 O で固定され，点 O のまわりで回転できるような薄い板状の剛体を考える．この剛体に図のような力がはたらいているとき，力のモーメントを求めよ．

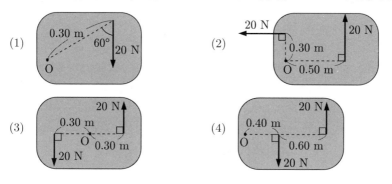

問題 3–6 長さ 1.0 m の質量の無視できる軽い棒の両端 AB にそれぞれ重力の大きさが 2.0 N と 3.0 N のおもりをつるした．次に，点 O にばね定数 1.0×10^2 N/m のつるまきばねを付けてつるしたところ，棒は水平になって静止した．

(1) ばねの伸びはいくらか．

(2) AO の長さはいくらか．

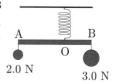

問題 3–7 太さが一様ではない長さ 100 cm，重力の大きさ 50 N の棒が水平面上に置いてある．この棒の一端 A を少し持ち上げるのに鉛直上向きに 20 N の力が必要だった．次の問いに答えよ．ただし，重力は棒の重心にはたらくとしてよい．

(1) この棒の重心は棒の端 A から何 cm のところにあるか.

(2) もう一端 B を少し持ち上げるためには，鉛直上向きに何 N の力が必要か.

問題 3–8 図のように，長さ 1.0 m の細い一様な針金を，一端から 0.40 m のところで直角に折り曲げ，xy 平面上に置いた．重心の座標を求めよ．

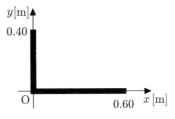

問題 3–9 図のように，軽い棒を支点 A，B に載せて水平にし，下向きに 2 つの力を加える．支点 A，B が棒に及ぼす力 (反力)R_A，R_B を求めよ．

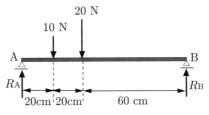

問題 3–10 重力の大きさ W，長さ l の棒 AB が，鉛直方向となす角 θ 傾いて静止するように，糸とあらい床で支えられている．糸が棒を水平に引く力 T，あらい床が棒に及ぼす力の水平成分 F (摩擦力) と垂直成分 N (垂直抗力) を求めよ．ただし，重力は棒の重心にはたらくとしてよい．

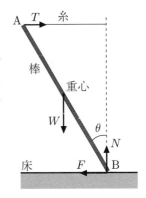

問題 3–11 重力の大きさ W で長さ l の細い一様な棒を，棒と地面の間の角度が θ となるように壁に立てかけたところ静止した．壁と棒との間の摩擦は無視でき，壁から受ける垂直抗力 N_1 のみ考えるが，床と棒の間には静止摩擦係数が 0.5 の摩擦力 F がはたらく．棒が倒れないでいることのできる最小の θ を求めよ．ただし，重力は棒の重心にはたらくとしてよい．

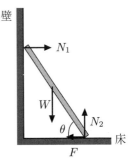

◆ 第4章 ◆

位置，速度，加速度

■**位置と変位**■　物体の**位置**は座標軸が示す座標の値で表す．物体の位置は運動に伴い変化するので，時刻 t における位置は時間の関数となり $x(t)$ と表す．**変位**は位置の変化量であり，$\Delta x = x_2 - x_1$ により定義される．ここで，$x_1 = x(t_1)$, $x_2 = x(t_2) = x(t_1 + \Delta t)$ である．単位は，m (メートル) である．また，Δ はデルタと読み，変化量であることを示す．Δt, Δx が1つの物理量である．

■**平均速度と速度**■　物体の**平均速度**は，変位を，その変化に要した時間で割ったものである．物体の移動の方向により，正または負となる．

$$\overline{v} = \frac{\Delta x}{\Delta t} = \frac{x_2 - x_1}{t_2 - t_1}$$

　速度 (または**瞬間の速度**) は，Δt を無限に小さくした平均速度の極限値である．

$$v = \lim_{\Delta t \to 0} \frac{\Delta x}{\Delta t} = \lim_{t_2 \to t_1} \frac{x_2 - x_1}{t_2 - t_1} = \frac{dx}{dt}$$

速度の大きさ (絶対値) を，**速さ**という．速度の単位は m/s (メートル毎秒) である．

■**等速度運動 (等速直線運動)**■　速度が一定の運動を**等速度運動**という．このとき，向きも一定である．変位は，速度と時間の積である．$\Delta x = v\Delta t$ より，

$$x(t) = x(0) + vt$$

と書ける．

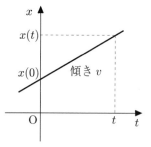

■**加速度**■　**平均加速度**は，速度の変化を，その変化に要した時間で割ったも

のである．

$$\overline{a} = \frac{\Delta v}{\Delta t} = \frac{v_2 - v_1}{t_2 - t_1}$$

ここで，$v_1 = v(t_1)$, $v_2 = v(t_2) = v(t_1 + \Delta t)$．単位は m/s^2，「メートル毎秒毎秒」と読む．

加速度 (または**瞬間の加速度**) は，Δt を無限に小さくした平均加速度の極限値である．

$$a = \lim_{\Delta t \to 0} \frac{\Delta v}{\Delta t} = \lim_{t_2 \to t_1} \frac{v_2 - v_1}{t_2 - t_1} = \frac{dv}{dt} = \frac{d^2 x}{dt^2}$$

▌**相対速度**▌　**A に対する B の相対速度** v_{AB} とは，運動している観測者 A が見たときの物体 B の速度のことをいい，B の速度 v_B と A の速度 v_A の差をとって求める．

$$v_{AB} = v_B - v_A$$

▌**位置，速度，加速度**▌　位置 $x(t)$ の時間変化率が速度 $v(t)$，速度の時間変化率が加速度 $a(t)$ であるので，位置を微分すると速度，速度を微分すると加速度が得られる．

逆に，加速度 $a(t)$ を積分すると速度 $v(t)$，速度を積分すると位置 $x(t)$ (変位) が求められる．ただし，積分により任意の時刻における位置と速度を決定するには，ある与えられた時刻における位置と速度が必要となり，これを初期条件という．

┌───┐
│ 例題 **4.1**　x 軸上を運動する物体について考える．はじめ $x_1 = 0.0$ m の位 │
│ 置にあった物体が，$x_2 = 8.0$ m の位置まで 2.0 s かけて移動した．平均速度 │
│ はいくらか． │
└───┘

平均速度は，変位をそれに要した時間で割ったものである．変位は $\Delta x = x_2 - x_1 = 8.0 - 0.0 = 8.0$ m なので，平均速度は $\overline{v} = \dfrac{\Delta x}{\Delta t} = \dfrac{8.0}{2.0} = 4.0$ m/s となる．

例題 4.2 x 軸上を運動する物体について考える. はじめ静止していた物体が $3.0\,\mathrm{s}$ かけて速度 $v_2 = 6.0\,\mathrm{m/s}$ まで加速した. 平均加速度はいくらか.

　平均加速度は, 速度の変化をそれに要した時間で割ったものである. 速度の変化は $\Delta v = v_2 - v_1 = 6.0 - 0.0 = 6.0\,\mathrm{m/s}$ なので, 平均加速度は $\bar{a} = \dfrac{\Delta v}{\Delta t} = \dfrac{6.0}{3.0} = 2.0\,\mathrm{m/s^2}$ となる.

例題 4.3 物体の速度が $v(t) = t^2\,\mathrm{m/s}$ と表されている.
(1) 時刻 $t = 3\,\mathrm{s}$ における物体の速度はいくらか.
(2) 時刻 $t = 3\,\mathrm{s}$ における物体の加速度はいくらか.

---

(1) 時刻 $t = 3\,\mathrm{s}$ における物体の速度は, $v(3) = 3^2 = 9\,\mathrm{m/s}$ となる.

(2) 物体の加速度は速度の微分で与えられるので, $v(t) = t^2$ を t で微分して $a(t) = \dfrac{dv}{dt} = 2t\,\mathrm{m/s^2}$ である. これに $t = 3\,\mathrm{s}$ を代入すれば $a(3) = 2 \times 3 = 6\,\mathrm{m/s^2}$ となる.

●問題演習 4●

問題 4–1 x 軸上を運動する物体の変位と速度に関し, 次の問いに答えよ.
(1) はじめ $x_1 = 0.0\,\mathrm{m}$ の位置にあった物体が $x_2 = 4.5\,\mathrm{m}$ まで移動した. 変位はいくらか.
(2) 物体の $5.0\,\mathrm{s}$ 間の変位が $20\,\mathrm{m}$ であるとき, この物体の平均速度を求めよ.
(3) 物体が一定の速度 $7.0\,\mathrm{m/s}$ で, $5.0\,\mathrm{s}$ 間動くとき, 変位を求めよ.
(4) 物体が一定の速度 $4.0\,\mathrm{m/s}$ で, x 軸の正の向きに $20\,\mathrm{m}$ 動くとき, どれだけ時間がかかるか.
(5) 物体が $12\,\mathrm{s}$ 間に位置 $x_1 = 2.0\,\mathrm{m}$ から $x_2 = 8.0\,\mathrm{m}$ まで移動したとき, この物体の平均速度を求めよ.

問題 4–2 x 軸上を運動する物体の速度と加速度に関し, 次の問いに答えよ.
(1) はじめ静止していた物体が, $5.0\,\mathrm{s}$ 間に $20\,\mathrm{m/s}$ まで加速したとする. 物体の平均加速度を求めよ.
(2) 速度 $10\,\mathrm{m/s}$ で動いていた物体が, $5.0\,\mathrm{s}$ 間に $20\,\mathrm{m/s}$ まで加速したとする. 物体の平均加速度を求めよ.

(3) 速度 10 m/s で動いていた物体が，一定の加速度 -2.0 m/s^2 で加速する．15 s 後の速度を求めよ．

(4) 速度 5.0 m/s で動いていた物体が，一定の加速度 5.0 m/s^2 で速度 20.0 m/s まで加速するには，どれだけ時間が必要か．

問題 4–3　以下で与えられている x 軸上を運動する物体の速度 $v(t)$ から，微分により加速度 $a(t)$ を，また不定積分により位置 $x(t)$ を求めよ．ただし，積分定数は C とすること．

(1)　$v(t) = 5t$　　　　　　　　(2)　$v(t) = t^2$

(3)　$v(t) = 3$　　　　　　　　(4)　$v(t) = t^2 + 5t + 3$

問題 4–4　x 軸上を物体が一定速度 18.0 m/s で運動している．時刻 0.0 s より一定の加速度の大きさ 1.2 m/s^2 で減速する．

(1)　停止するまでの時間を求めよ．

(2)　減速を始めてから 7.0 s 後の速度を求めよ．

問題 4–5　直線上を等加速度で運動する物体について，右向きを正として加速度を求めよ．

(1)　はじめは右向きに速さ 3.0 m/s であったが，6.0 秒後に右向きに 15.0 m/s となった．

(2)　はじめは右向きに速さ 5.0 m/s であったが，4.0 秒後に左向きに 7.0 m/s となった．

問題 4–6　東西方向の一直線上を，速さ 250 km/h で東に走る新幹線がある．

(1)　新幹線と平行して同方向に速さ 60 km/h で走る自動車から見た新幹線の相対速度はいくらか．

(2)　新幹線と平行して逆方向に速さ 60 km/h で走る自動車から見た新幹線の相対速度はいくらか．

問題 4–7　x 軸上を運動する物体の位置が時間の関数 $x(t) = -t^2 + 24t + 3$ m と表されるとする．このとき，次の問いに答えよ．

(1)　$t = 2.0$ s における物体の位置を求めよ．

(2)　$t = 2.0$ s における物体の速度を求めよ．

(3)　$t = 2.0$ s における物体の加速度を求めよ．

問題 4–8　以下で与えられている x 軸上を運動する物体の速度 $v(t)$ から，微分により加速度 $a(t)$ を，また不定積分により位置 $x(t)$ を求めよ．ただし，積分定数は C とすること．

(1)　$v(t) = 3t^{1/3}$　　　　　　(2)　$v(t) = t^{-2}$

(3)　$v(t) = \sqrt{t}$　　　　　　　(4)　$v(t) = \dfrac{5}{t^4}$

問題 4–9 x 軸上を運動する物体について，次の問いに答えよ．

(1) 物体の位置が，関数 $x = 2t^2$ で表されているとき，この物体の速度 v を求めよ．

(2) 物体の速度が，関数 $v = t^3 + t$ で表されているとき，この物体の加速度 a を求めよ．

(3) 物体の位置が，関数 $x = 2t^{1/2}$ で表されているとき，この物体の加速度 a を求めよ．

問題 4–10 次の x 軸上の運動に関する問いに答えよ．ただし，時刻 $t = 0$ では，物体は原点に，静止していたとする．

(1) 物体の加速度が，関数 $a = 2t^2$ で表されているとき，この物体の速度 v を求めよ．

(2) 物体の速度が，関数 $v = t^3 + t$ で表されているとき，この物体の位置 x を求めよ．

(3) 物体の加速度が，関数 $a = 2$ で表されているとき，この物体の位置 x を求めよ．

問題 4–11 x 軸上を運動する物体の加速度が時間の関数 $a(t) = 24t + 5 \text{ m/s}^2$ と表されるとする．$t = 0.0 \text{ s}$ における速度は $v = 12.0 \text{ m/s}$，また位置は $x = 0.0 \text{ m}$ として，次の問いに答えよ．

(1) $t = 2.0 \text{ s}$ における物体の加速度を求めよ．

(2) $t = 2.0 \text{ s}$ における物体の速度を求めよ．

(3) $t = 2.0 \text{ s}$ における物体の位置を求めよ．

◆ 第5章 ◆

ニュートンの運動の法則

▨ニュートンの運動の法則▨　アイザック・ニュートンが発見した物体の運動と力の関係を表す法則を，**運動の法則**という．第1から第3法則まである．1687年に「自然哲学の数学的諸原理 (プリンキピア)」により公表された．

▨第1法則 (慣性の法則)▨　物体にはたらく合力が0のとき，物体の運動状態は変わらない．つまり最初にある速度で運動すれば，物体は等速度運動を続け，静止していれば，静止したままである．

　逆に物体の運動に変化がないとき，たとえば静止し続けている物体の合力は0である．この状態を，力がつり合っているという．

▨第2法則 (運動の法則)▨　物体に生じる加速度の大きさaは，物体の質量mに反比例し，力の大きさFに比例する．

　加速度の向きは，力の向きと同じである．物体に，力$\boldsymbol{F}$がはたらくとき，加速度$\boldsymbol{a}$は

$$a \propto F$$

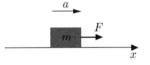

のように表される．

▨運動方程式▨　第2法則の比例定数がmとなる単位系を選んで等式とした式を，**運動方程式**という．

$$m\boldsymbol{a} = \boldsymbol{F}$$

右辺の力はその物体にはたらく全ての力の合力である．

▨第3法則 (作用・反作用の法則)▨　2つの物体が互いに及ぼし合う力の，一方を作用，もう一方を反作用という．この2つの力は，大き

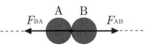

さが等しく，向きは互いに逆向きとなる．この2つの力は同一作用線上にはたらく力である．たとえばAがBに及ぼす力$\boldsymbol{F}_{\mathrm{AB}}$とBがAに及ぼす力$\boldsymbol{F}_{\mathrm{BA}}$は，$\boldsymbol{F}_{\mathrm{BA}} = -\boldsymbol{F}_{\mathrm{AB}}$という関係にある．

例題 5.1　なめらかな床の上に置かれた物体を 10 N の力で押したところ，$2.0 \ \mathrm{m/s^2}$ の加速度で動いた．同じ物体を 30 N の力で押すとき，物体の加速度はいくらか．

運動の第2法則により物体の加速度は力に比例する．いま，加える力が 3.0 倍となるので，加速度は 3.0 倍になる．よって，$a = 2.0 \times 3.0 = 6.0 \ \mathrm{m/s^2}$ となる．

例題 5.2　A さんが，壁に固定された物体を右向きに 40 N の力で押した．A さんは物体からどのような力を受けるか．

運動の第3法則により，A さんは加えた力と同じ大きさで逆向きの力を受ける．よって，A さんは左向きに 40 N の力を物体から受けることとなる．

●●問題演習 5 ●●

問題 5-1　以下の (　　) に適切な単語を入れなさい．

(1)　運動の第1法則：物体が他から (　ア　) を受けないか，または，受けている力の (　イ　) が成立していれば，静止している物体は (　ウ　) を続け，運動している物体は (　エ　) を続ける．これを (　オ　) の法則という．

(2)　運動の第2法則：物体に生じる加速度の向きは，物体が受けている力の向きと同じで，加速度の大きさは (　カ　) の大きさに比例し，(　キ　) に反比例する．これを (　ク　) の法則という．

$$\text{加速度} \propto \frac{(\ \text{カ}\ )}{(\ \text{キ}\ )}$$

(3)　運動の第3法則：物体 A が物体 B に右向きの力を及ぼすとき，物体 B は物体 A に左向きに大きさの等しい力を及ぼす．このように，力は2つの物体間で互いにはたらく．このはたらく力の一方を (　ケ　) といい，他方を (　コ　) という．作用と反作用は同一作用線上にあり，互いに (　サ　) 向きで，(　シ　) が等しい．これを (　ス　) の法則という．

問題 5–2 次の問いに答えよ.

(1) 質量 2.0 kg の物体に右向きに 5.0 N の力を加えたとき,物体の加速度はいくらか.

(2) 質量 5.0 kg の物体を右向きに加速度 2.0 m/s^2 で加速させるには,どれだけの力を加えればよいか.

(3) ある物体に右向きに 10 N の力を加えると,5.0 m/s^2 の大きさで加速した.この物体の質量はいくらか.

問題 5–3 質量 5.0 kg の物体がなめらかな床の上に静止している.図のように,この物体を右向きに 3.0 N の力で引っ張ると同時に,左向きに 2.0 N の力で引っ張るとする.このとき,物体の加速度はいくらになるか.

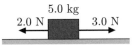

問題 5–4 図のように,ともに重力の大きさが 20 N のおもりが,机の上に 2 個積まれている.

(1) おもり A がおもり B から受ける力を図示せよ.

(2) おもり B がおもり A から受ける力を図示せよ.

(3) おもり B が机から受ける力の大きさを求めよ.

問題 5–5 なめらかな水平面上に静止した質量 2.0 kg の物体がある.

(1) この物体を水平右向きに,大きさ 6.0 N の力で引いたときの加速度はいくらか.

(2) 4.0 秒後に引くのをやめた.その後,物体はどのような運動をするか.

問題 5–6 図のように,なめらかな水平面上を等速度 v で進んでいる台車から,鉛直上向きに小球を打ち出した.空気抵抗が無視できるとすると,台車に乗っている人には小球はどのように飛ぶように見えるか.次の (ア)〜(ウ) から 1 つを選びなさい.

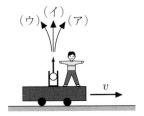

(ア) 台車の前方に飛ぶ.

(イ) 台車の発射台の上方に飛ぶ.

(ウ) 台車の後方に飛ぶ.

問題 5–7　図のように,質量が 0.40 kg のおもりに糸を付け
て,次のように鉛直方向に手で引き上げたり下ろしたりした.
重力加速度の大きさを 9.8 m/s^2 として,次の問いに答えよ.

(1)　糸がおもりを引く力の大きさを 4.9 N とするとき,加速
　　度はどちら向きにいくらか.

(2)　加速度が鉛直下向きに 4.9 m/s^2 のとき,糸がおもりを引
　　く力の大きさはいくらか.

(3)　速度が鉛直下向きに 1.0 m/s で一定のとき,糸がおもり
　　を引く力の大きさはいくらか.

問題 5–8　図のように,重力の大きさが 5.0 N の 2 個のおもりを,
糸 1,2 でつないで天井につるした.このとき,糸 1,2 の張力の大き
さを求めよ.

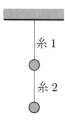

◆ 第6章 ◆

運動方程式

▌物体にはたらく力の探し方▐

① 接触していない物体間の力

　物体が接触していなくてもはたらく力を探す．万有引力，重力(地球との万有引力)，電磁気力などがある．

② 接触している物体間にはたらく力

　物体が接触している物から受ける力を探す．ひもや糸からは張力，ばねからはばねの弾性力，面からは抗力(垂直抗力 + 摩擦力)などを受ける．

▌運動方程式の立て方と解き方▐　　運動方程式は，座標軸を設定し，物体ごと・成分ごとに立てる．

① 物体にはたらく力を全部探し，図に矢印と大きさを描き入れる．

② 物体が動く方向を参考にして，座標軸の向きを決める．

③ 力の向きと座標軸の向きに気をつけて，運動方程式を立てる．

④ 物体に生じる加速度を求める．

⑤ 加速度を積分すると速度が求まる．積分定数は，速度に関する初期条件より決める．

⑥ 速度を積分すると位置(変位)が求まる．積分定数は，位置に関する初期条件より決める．

例題 6.1　質量 2.0 kg の物体に右方向に 8.0 N の力を加えた．物体の加速度はいくらか．

　右向きを正とする．運動方程式より $a = \dfrac{F}{m}$ である．$m = 2.0$ kg，$F = 8.0$ N を代入すれば，$a = \dfrac{F}{m} = \dfrac{8.0}{2.0} = 4.0$ m/s^2 となり，加速度は右方向に 4.0 m/s^2 となる．

例題 6.2　ある物体に 20 N の力を加えると，2.5 m/s^2 で加速した．この物

体の質量 はいくらか.

運動方程式より $m = \dfrac{F}{a}$ である. $F = 20$ N, $a = 2.5$ m/s^2 を代入すれば, 物体の質量は $m = \dfrac{F}{a} = \dfrac{20}{2.5} = 8.0$ kg となる.

●● 問題演習 6 ●●

問題 6–1 物体にかかる力を考慮して運動方程式を立てた. それを解いたところ, 物体の加速度が 0.0 m/s^2 であることがわかった. なお, 物体の初速度は右向き 2.0 m/s であった.

(1) 時刻 t における物体の速度を求めよ.

(2) 5.0 s の間に物体はどれだけ移動するか.

問題 6–2 なめらかな机の上に静止している質量 5.0 kg の物体がある. この物体を 10 N の力で右方向へ引いた.

(1) 物体の加速度はいくらか.

(2) 4.0 s 後の物体の速度はいくらか.

問題 6–3 なめらかな机の上に, 質量 2.0 kg の物体が静止している. この物体を 5.0 N の力で右方向へ引くと同時に, 1.0 N の力で左方向へも引いた.

(1) 物体に加わる合力はいくらか.

(2) 物体の加速度はいくらか.

(3) 3.0 s 後の物体の速度はいくらか.

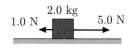

問題 6–4 あらい水平面上の物体に, 右方向に 10.0 N の力を 20 秒間だけ加えて加速した. 物体の質量を 1.0 kg, 動摩擦係数を 0.50, 重力加速度の大きさを 9.8 m/s^2 とする.

(1) 力を加えているとき, この物体の加速度を求めよ.

(2) 力を加えるのをやめた後, この物体が止まるまでの間の加速度を求めよ.

問題 6–5 図のようになめらかに回る軽い滑車に軽い糸を通し, 糸の両端に質量 2.0 kg の物体 A と質量 3.0 kg の物体 B を付けて, 手で支えている. その後, 静かに手を放したときの A, B の

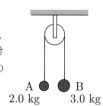

加速度の大きさと糸の張力の大きさを求めよ．ただし，重力加速
度の大きさを 9.8 m/s^2 とする．

問題 6–6　質量 10 kg の物体に右向きの速さ 20 m/s を与えると，あらい水平面上を
すべり 5.0 s 後に静止した．重力加速度の大きさを 9.8 m/s^2，運動を等加速度直線運
動だとして，次の問いに答えよ．

(1)　加速度を求めよ．

(2)　すべり始めから静止するまでの，物体の移動距離を求めよ．

(3)　物体がすべっているとき，物体にはたらく動摩擦力の大きさを求めよ．

(4)　物体と面との間の動摩擦係数を求めよ．

問題 6–7　あらい床の上で，はじめ静止していた質量 5.0 kg の物体を右向きに 20 N
の力で引っ張ったところ，物体は右向き一定の加速度 3.0 m/s^2 で加速した．

(1)　物体にはたらく摩擦力の大きさはいくらか．

(2)　3.0 s の間に物体はどれだけの距離を移動するか．

問題 6–8　質量 2.0 kg の物体 A に質量 3.0 kg
の物体 B を軽い糸でつなぎ，なめらかな水平
面上で物体 A を水平方向右向きに 50 N の力で
引っ張った．

(1)　加速度の大きさはいくらか．

(2)　糸の張力の大きさはいくらか．

問題 6–9　なめらかな水平面上に，質量 3.0 kg の物体 A
と質量 2.0 kg の物体 B が接して置いてある．図のように
物体 A を右向きに 6.0 N の力で押す．

(1)　加速度の大きさはいくらか．

(2)　物体 B が物体 A から受ける力の大きさはいくらか．

問題 6–10　図のようになめらかな水平面上に質量
1.0 kg の物体 A を，なめらかに回る軽い滑車を通し
て軽い糸で質量 1.0 kg のおもり B につないである．
重力加速度の大きさを 9.8 m/s^2 とする．

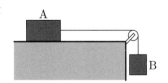

(1)　物体 A の加速度の大きさを a，糸の張力の大き
さを S として，物体 A とおもり B の運動方程
式を立てよ．

(2)　加速度の大きさ a，糸の張力の大きさ S を求めよ．

問題6–11 図のように水平方向と角度 θ をなすなめらかな斜面上に質量 M の物体 A を置き，物体 A に軽い糸を付けてなめらかに回る軽い滑車に通し，質量 m の物体 B をつるして静かに手を放した．物体 A，物体 B の加速度と糸の張力の大きさを求めよ．ただし，重力加速度の大きさを g とする．また，A については斜面に沿って上向き，B については鉛直下向きを正とする．

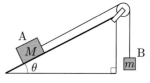

問題6–12 x 軸上を運動する質量 m の質点の時刻 t における速度 v が次のように与えられるとき，はたらく力 F を求めよ．また，$t = 0$ で $x = 0$ として，$(t = \cdots)$ で指定された時刻での位置を計算せよ．ただし，v, t 以外は定数とする．

(1)　$v = -At + B$　　$\left(t = \dfrac{B}{A}\right)$

(2)　$v = \dfrac{A}{1 + At}$　　$\left(t = \dfrac{1}{A}\right)$

(3)　$v = V\cos\omega t$　　$\left(t = \dfrac{\pi}{2\omega}\right)$

問題6–13 x 軸上を運動する質量 m の質点にはたらく力 F が，$F = mR\omega^2 \sin\omega t$ で与えられ，初期条件が時刻 $t = 0$ で，$v = 0, x = 0$ で与えられる．このとき，質点の時刻 t での位置 $x(t)$，速度 $v(t)$ を求めよ．ただし，R, ω は定数である．

◆ 第7章 ◆
等加速度直線運動

▐加速度 (力) が一定のときの運動▐　一定の力
F が物体にはたらき，直線運動しているとする.
運動方程式は，$ma = m\dfrac{dv}{dt} = F$ であり，両辺
を m で割ると，

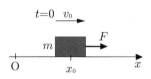

$$\frac{dv}{dt} = \frac{F}{m} = a \quad (定数)$$

である．これを，時間で積分すると，$v(t) = \displaystyle\int a\,dt = at + C_1$ が求まる．ここ
で，C_1 は積分定数である．速度に関する初期条件として時刻 $t = 0$ での速度が
$v = v_0$ であるとするとき，$C_1 = v_0$ であり，$v(t) = at + v_0$ と表される．もう
一度積分すると，$x(t) = \displaystyle\int v\,dt = \int (at + v_0)\,dt = \dfrac{1}{2}at^2 + v_0 t + C_2$ が求ま
る．ここで，C_2 は積分定数である．位置に関する初期条件として時刻 $t = 0$ で
の位置が $x = x_0$ であるとするとき，$C_2 = x_0$ であり，$x(t) = \dfrac{1}{2}at^2 + v_0 t + x_0$
と表される.

　等加速度直線運動に関して，次の 2 つの式

$$v(t) = at + v_0$$
$$x(t) = \frac{1}{2}at^2 + v_0 t + x_0$$

は，公式として覚えてしまうと便利である．なお，$v_0 = v(0)$, $x_0 = x(0)$ のよ
うに表すこともある．以上の 2 つの式から t を消去すると，

$$v^2 - v_0{}^2 = 2a(x - x_0)$$

の関係式が求められる.

例題 7.1　x 軸上を運動する物体が，はじめ $x = 0.0$ m に静止していた．こ
の物体が一定の加速度 5.0 m/s^2 で等加速度運動するとき，2.0 s 後の速度と
位置を求めよ.

はじめの位置が $x_0 = 0.0$ m, 速度が $v_0 = 0.0$ m/s なので, 速度と位置の式はそれぞれ $v(t) = at$ と $x(t) = \dfrac{1}{2}at^2$ で与えられる. 加速度が $a = 5.0$ m/s^2 であるので, 2.0 s 後の速度は $v(2.0) = 5.0 \times 2.0 = 10$ m/s である. また, 2.0 s 後の位置は $x(2.0) = \dfrac{1}{2} \times 5.0 \times 2.0^2 = 10$ m である.

例題 7.2　はじめに静止していた質量 1.0 kg の物体に, 一定の力 6.0 N を加え続ける. 5.0 s 後の速さと加速度の大きさはいくらになるか.

物体の加速度の大きさは, 運動方程式より $a = \dfrac{6.0}{1.0} = 6.0$ m/s^2 である. つまり, 等加速度運動である. はじめの速度が $v_0 = 0.0$ m/s なので, 速度の式は $v(t) = at$ で与えられる. このとき, 5.0 s 後の速さは, $v(5.0) = 6.0 \times 5.0 = 30$ m/s である.

●問題演習 7●

問題 7–1　x 軸上を運動する物体について, 次の問いに答えよ.

(1)　物体がはじめ $x = 0.0$ m の位置に静止していた. この物体が一定の加速度 2.0 m/s^2 で加速するとき, 4.0 s 後の速度と位置を求めよ.

(2)　物体がはじめ $x = 0.0$ m の位置に静止していた. この物体が一定の加速度 1.0 m/s^2 で加速するとき, $x = 8.0$ m まで進むのは何秒後か. また, このときの速度はいくらか.

(3)　物体が速度 10 m/s で動いている. この物体を大きさ 2.0 m/s^2 の加速度で減速させるとき, 物体が止まるのは何秒後か. また, 止まるまでに進む距離はいくらか.

(4)　はじめ $x = 0.0$ m の位置に質量 5.0 kg の物体が静止していた. この物体を一定の力 10 N で引く. 3.0 s 後の速度と位置を求めよ.

問題 7–2　x 軸上で静止していた質量 6.0 kg の物体に時刻 0.0 s から時刻 4.0 s までの間一定の力を加え, 速度 8.0 m/s まで加速させた.

(1)　物体の加速度はいくらか.

(2)　この物体を加速させるのに, 加えた力はいくらか.

(3)　時刻 4.0 s から 6.0 s までの間, 一定の力を加えて物体を静止させるためには, どのような力を加えればよいか.

問題 7–3 静止していた物体が，直線上を等加速度で速さを増して，加速を始めてから 2.5 s 後に 10 m/s の速さになった.

(1) 加速度の大きさはいくらか.

(2) 加速を始めてから 6.0 s 後の速さはいくらか.

(3) 加速を始めてから 4.0 s 間の移動距離はいくらか.

問題 7–4 速さ 11 m/s で走っていた自動車が，時刻 0.0 s から進行方向に加速度 5.0 m/s^2 で加速した.

(1) 加速後 5.0 s の自動車の速さはいくらか.

(2) 加速後 5.0 s 間に自動車が移動した距離はいくらか.

問題 7–5 一直線上を速さ 13 m/s で走っている自動車が，一定の力を受けて 5.0 s で停止する.

(1) 加速度の大きさはいくらか.

(2) 停止するまでの 5.0 s 間に進む距離はいくらか.

問題 7–6 等加速度直線運動している物体がある．時刻 0.0 s で右向きに 8.0 m/s で運動していた物体が，時刻 5.0 s には左向きに 2.0 m/s の速度になっていた.

(1) 右に最も遠ざかるのはいつか.

(2) 再び出発点に戻ってくるのはいつか.

問題 7–7 図は x 軸上の 2 点間を移動する電車の v-t 図である.

(1) 次の各区間の加速度はいくらか.

    （ア） 0 秒から 20 秒の間

    （イ） 20 秒から 100 秒の間

    （ウ） 100 秒から 150 秒の間

(2) 2 点間の距離はいくらか.

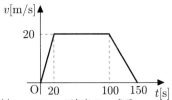

問題 7–8 xy 平面上を質量 2.0 kg の物体が，時刻 $t = 0.0$ s で速度の x 成分 $v_x = 5.0$ m/s，y 成分 $v_y = 0.0$ m/s で運動している．この物体が y 方向に 4.0 N の力を受けるとする．ただし，物体は時刻 $t = 0.0$ s のとき，$x = 0.0$ m, $y = 0.0$ m の位置にあったとする.

(1) 加速度の x 成分と y 成分を求めよ.

(2) 時刻 $t = 2.0$ s での速度を求めよ.

(3) 時刻 $t = 2.0$ s での位置を求めよ.

第8章

落下運動

▌**鉛直落下運動**▐ 鉛直上向きを正の向きとする y 軸に沿った落下運動を考える．物体の初速度 v_0，初期位置 y_0 であるとする．物体は等加速度直線運動している．重力は $-mg$ と書け，運動方程式は $m\dfrac{dv_y}{dt} = -mg$ となる．これを時間で積分し，初期条件を適用すると，$v_y = -gt + v_0$ となる．次に，速度の式 $v_y = \dfrac{dy}{dt} = -gt + v_0$ を積分し，初期条件を適用すると $y = -\dfrac{1}{2}gt^2 + v_0 t + y_0$ となる．

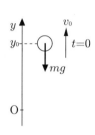

v_0 が 0 の場合を**自由落下**という．また，v_0 が正の場合を**鉛直投げ上げ**，負の場合を**鉛直投げ下ろし**という．

	自由落下	鉛直投げ上げ	鉛直投げ下ろし
力	$-mg$	$-mg$	$-mg$
初期条件	$v_0 = 0$	$v_0 > 0$	$v_0 < 0$
位置	$y(t) = -\dfrac{1}{2}gt^2 + y_0$	$y(t) = -\dfrac{1}{2}gt^2 + v_0 t + y_0$	$y(t) = -\dfrac{1}{2}gt^2 + v_0 t + y_0$
速度	$v_y(t) = -gt$	$v_y(t) = -gt + v_0$	$v_y(t) = -gt + v_0$

▌**斜方投射**▐ 質量 m の物体を，初速度の大きさ v_0，仰角 θ で投げた．**斜方投射**という．運動の鉛直面内に，投げた点を原点，水平方向に x 軸，鉛直上向きに y 軸をとる．はたらく力は重力のみなので，運動方程式は

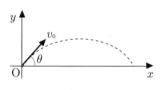

$$m\frac{dv_x}{dt} = 0, \quad m\frac{dv_y}{dt} = -mg$$

となる．これを積分し，初期条件（$t = 0$ で速度の x 成分 $v_0 \cos\theta$，y 成分 $v_0 \sin\theta$）

を適用すると，速度は

$$v_x = \frac{dx}{dt} = v_0 \cos\theta, \quad v_y = \frac{dy}{dt} = -gt + v_0 \sin\theta$$

のように求まる．もう一度積分し初期条件 ($t = 0$ で位置は原点) を適用すると，物体の位置は，

$$x = v_0 t \cos\theta, \quad y = -\frac{1}{2}gt^2 + v_0 t \sin\theta$$

のように表される．

斜方投射の仰角 θ が 0 の場合，**水平投射**という．

	力	加速度	初速度	速度	位置
x 方向	0	0	$v_0 \cos\theta$	$v_x(t) = v_0 \cos\theta$	$x(t) = v_0 t \cos\theta$
y 方向	$-mg$	$-g$	$v_0 \sin\theta$	$v_y(t) = -gt + v_0 \sin\theta$	$y(t) = -\frac{1}{2}gt^2 + v_0 t \sin\theta$

■軌跡 (軌道) の式■　斜方投射において，物体が描く軌跡 (軌道) の式を求めるには，$x(t)$ と $y(t)$ の式から時刻 t を消去すればよい．

$$y = -\frac{g}{2v_0{}^2 \cos^2\theta}x^2 + \tan\theta\, x = -\frac{g}{2v_0{}^2 \cos^2\theta}x\left(x - \frac{2v_0{}^2 \sin\theta \cos\theta}{g}\right)$$

$$= -\frac{g}{2v_0{}^2 \cos^2\theta}x\left(x - \frac{v_0{}^2 \sin 2\theta}{g}\right)$$

この式を平方完成させると，

$$y = -\frac{g}{2v_0{}^2 \cos^2\theta}\left(x - \frac{v_0{}^2 \sin\theta \cos\theta}{g}\right)^2 + \frac{v_0{}^2 \sin^2\theta}{2g}$$

と表せるので，最高点は $\dfrac{v_0{}^2 \sin^2\theta}{2g}$ であり，射程 (水平到達距離) は，

$\dfrac{2v_0{}^2 \sin\theta \cos\theta}{g} = \dfrac{v_0{}^2 \sin 2\theta}{g}$ である．初速 v_0 を一定とし仰角 θ を変化させるとき，射程を最大にする仰角は，$\sin 2\theta = 1$ となる角度 $\theta = \dfrac{\pi}{4}$ である．

例題 8.1　$h = 19.6$ m の高さから質量 0.50 kg の物体を自由落下させた．空気抵抗は無視できるものとし，重力加速度の大きさを 9.8 m/s^2 とする．
(1)　物体にはたらく重力の大きさはいくらか．
(2)　物体の加速度の大きさはいくらか．

(3) 物体が地面に達するまでの時間を求めよ.

(4) 物体が地面に達する直前の速さを求めよ.

(1) 物体にはたらく重力の大きさは $mg = 0.50 \times 9.8 = 4.9$ N である.

(2) 運動方程式より, 物体の加速度の大きさは $a = g = 9.8$ m/s^2 である.

(3) 地面に達するまでにかかる時間は, $h = \dfrac{1}{2}gt^2$ より

$$t = \sqrt{\frac{2h}{g}} = \sqrt{\frac{2 \times 19.6}{9.8}} = 2.0 \text{ s}$$

である.

(4) 地面に達する直前の速さは,

$$v = gt = g\sqrt{\frac{2h}{g}} = \sqrt{2gh} = \sqrt{2 \times 9.8 \times 19.6} = 19.6 \cong 20 \text{ m/s}$$

である.

● 問題演習 8 ●

問題 8–1 重力加速度の大きさを 9.8 m/s^2 として, 次の問いに答えよ.

(1) 高さ 2.0 m のところにあるリンゴが自由落下して, 地上に達するまでの時間を求めよ.

(2) 物体を自由落下させた. 1.0 s 後の速さと落下距離を求めよ.

(3) 高さ 44.1 m のビルの屋上から小石を静かに落下させた. 小石が地面に達するまでの時間と地面に達する直前の速さを求めよ.

(4) 小石を速さ 10 m/s で鉛直下向きに投げ下ろした. 2.0 s 後の速さと落下距離を求めよ.

(5) 地面から小石を速さ 9.8 m/s で鉛直上向きに投げ上げた. 小石が最高点に達するまでの時間と最高点の地面からの高さを求めよ.

問題 8–2 次の問いに答えよ.

(1) 速度の x 成分が 4.0 m/s で, y 成分が 3.0 m/s である物体の速さはいくらか.

(2) 物体の速さが 10 m/s であり, 運動の向きが x 軸からの角度 $30°$ をなす方向であるとする. このとき, 物体の速度の x 成分と y 成分はいくらか.

問題 8–3 地面から 44.1 m の高さから質量 4.0 kg の小球を自由落下させる. このとき, 次の問いに答えよ. ただし, 重力加速度の大きさは 9.8 m/s^2 とし, 鉛直上向きを正の向きとせよ.

(1) 小球にはたらく重力の大きさを求めよ.

(2) 小球の加速度を求めよ.

(3) 2.0 s 後の小球の速さを求めよ.

(4) 2.0 s 後の小球の地面からの高さを求めよ.

(5) 小球が地面に落ちるのは何秒後か求めよ.

(6) 小球が地面に落ちる瞬間の速さを求めよ.

問題 8–4 地面から真上に向かって, 速さ 24.5 m/s で質量 0.20 kg のボールを投げ上げるとき, 次の問いに答えよ. ただし, 重力加速度の大きさは 9.8 m/s^2 とし, 鉛直上向きを正の向きとせよ.

(1) ボールにはたらく重力の大きさを求めよ.

(2) ボールの加速度を求めよ.

(3) 4.0 s 後のボールの速さを求めよ.

(4) 4.0 s 後のボールの位置を求めよ.

(5) ボールが最高点に達するのは何秒後か求めよ. (ヒント:最高点では速さはゼロとなる)

(6) ボールが到達する最高点の地面からの高さを求めよ.

問題 8–5 高さ 78.4 m のビルの屋上から水平方向に速さ v で物体を投げた. 物体はその後, 投げたところの真下から 40 m 前方の地面に落下した. 重力加速度の大きさを 9.8 m/s^2 として, 次の問いに答えよ.

(1) 地面に落下するまでの時間を求めよ.

(2) 速さ v を求めよ.

(3) 地面に落下する直前の速度が地面となす角を求めよ.

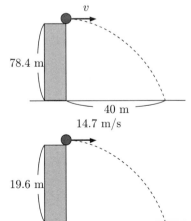

問題 8–6 高さ 19.6 m のビルの屋上から水平方向に物体を速さ 14.7 m/s で投げた. 重力加速度の大きさを 9.8 m/s^2 として, 次の問いに答えよ.

(1) 物体が地面に達するまでの時間を求めよ.

(2) 物体はビルの前方の何 m 先の地面に落下するかを求めよ.

(3) 物体が地面に達する直前の速さを求めよ.

問題 8–7 図のように, 地面から仰角 30°, 初速 20 m/s で小石を投げた. 重力加速度の大きさを 9.8 m/s^2 として, 次の問いに答えよ.

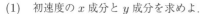

(1) 初速度の x 成分と y 成分を求めよ.

(2) 0.50 s 後の物体の位置と速度を求めよ.

(3) 小石が最高点に達するまでの時間と最高点の地面からの高さを求めよ.

(4) 小石が地面に落下するまでの時間と水平到達距離を求めよ.

問題 8–8 図のように, 地面上の点 O から, 仰角 60°, 初速 19.6 m/s で物体を投げた. 物体はその後地面上の点 P に落下した. 重力加速度の大きさを 9.8 m/s^2 として, 次の問いに答えよ.

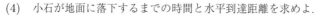

(1) 初速度の x 成分と y 成分を求めよ.

(2) 最高点の高さを求めよ.

(3) 点 P に落下する直前の物体の速度の水平成分と鉛直成分を求めよ.

(4) OP 間の距離を求めよ.

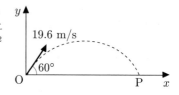

問題 8–9 図のように, 傾きが 30° の斜面上の点 O から小石を水平に速さ 7.0 m/s で投げ出した. 小石はその後斜面上の点 P に落下した. 重力加速度の大きさを 9.8 m/s^2 として, OP 間の距離を求めよ.

問題 8–10 質量 m の物体を, 静かに手を放して落下させた. 物体は速度 v に比例する抵抗 $-mkv$ を受けながら落下した. 鉛直下向きに y 軸をとり, 重力加速度の大きさを g, 手を放した瞬間の時刻を $t = 0$, 位置を原点として, 次の問いに答えよ.

(1) 物体の運動方程式を求めよ.

(2) 物体の速度 $v(t)$ を求めよ.

(3) 物体の位置 $x(t)$ を求めよ.

(4) 十分時間が経過したときの物体の速さ (終端速度) を求めよ.

◆ 第9章 ◆

円運動

■等速円運動■ 物体が半径 r の円周の上を一定の速さ v で運動する. 物体の
このような運動を**等速円運動**という. 物体が一周するのに要する時間 T を周
期といい, 円周率を π とすると,

$$T = \frac{2\pi r}{v}$$

と書ける. 単位は秒である. 周期の逆数 n を**回転数**という. 単位は s^{-1} (毎秒)
または Hz (ヘルツ) である. 円運動の単位時間当たりの角度変化 ω を**角速度**と
いい,

$$\omega = \frac{2\pi}{T} = \frac{v}{r}$$

の関係がある. 角速度は反時計回りの回転では
正, 時計回りの回転では負であり, 単位は rad/s
(ラジアン毎秒) である. 工業力学, 構造力学など
では, 時計回りを正と定義する場合もある. 図の
ように xy 平面をとり, 時刻 t での位置ベクトル
$\boldsymbol{r} = (x, y)$ と x 軸とがなす角度を θ とする. 時
間 Δt の間に角度が $\Delta\theta$ だけ変化するとき, 平均
角速度は

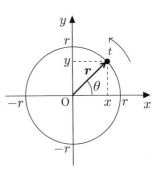

$$\overline{\omega} = \frac{\Delta\theta}{\Delta t}$$

である. 瞬間の角速度は, Δt を無限に小さくした平均角速度の極限値である.
これは微分の定義であるので,

$$\omega = \lim_{\Delta t \to 0} \frac{\Delta\theta}{\Delta t} = \frac{d\theta}{dt}$$

となる. 同様に, 平均および瞬間の**角加速度**が定義される.

$$\overline{\alpha} = \frac{\Delta\omega}{\Delta t}, \quad \alpha = \lim_{\Delta t \to 0} \frac{\Delta\omega}{\Delta t} = \frac{d\omega}{dt} = \frac{d^2\theta}{dt^2}$$

単位は $\mathrm{rad/s^2}$ (ラジアン毎秒毎秒) である.

■**等速円運動している物体の位置と速度**■ 位置ベクトルの大きさは,原点から物体までの距離で,$r = |\boldsymbol{r}| = \sqrt{x^2 + y^2}$ である.物体の位置ベクトルが時刻 0 で x 軸となす角度が θ_0 であったとすると,時刻 t での角度は,$\theta(t) = \omega t + \theta_0$ と書ける.このとき,物体の座標は,

$$x(t) = r\cos\theta = r\cos(\omega t + \theta_0), \quad y(t) = r\sin\theta = r\sin(\omega t + \theta_0)$$

である.

等速円運動では,物体の速度の大きさ (速さ) は一定ではあるが,速度の向きは時間変化しているので,加速度運動である.物体の速度 $\boldsymbol{v} = (v_x, v_y)$ を,物体の座標を時間で微分することにより求めると,

$$v_x(t) = \frac{dx}{dt} = -r\omega\sin(\omega t + \theta_0),$$

$$v_y(t) = \frac{dy}{dt} = r\omega\cos(\omega t + \theta_0).$$

速さは,$v = |\boldsymbol{v}| = \sqrt{v_x{}^2 + v_y{}^2} = r\omega = 2\pi r/T$ である.

物体の位置ベクトルと速度ベクトルの内積は,

$$\boldsymbol{r} \cdot \boldsymbol{v} = xv_x + yv_y = 0$$

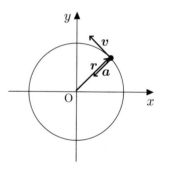

のように時刻によらず 0 であるので,速度ベクトルは位置ベクトルと直交し,向きは常に円周の接線方向となっている.

■**等速円運動している物体の加速度**■ 速度ベクトルを時間で微分して物体の加速度ベクトル $\boldsymbol{a} = (a_x, a_y)$ を求めると,

$$a_x(t) = \frac{dv_x}{dt} = -r\omega^2\cos(\omega t + \theta_0) = -\omega^2 x,$$

$$a_y(t) = \frac{dv_y}{dt} = -r\omega^2\sin(\omega t + \theta_0) = -\omega^2 y$$

となる.加速度ベクトルは位置ベクトルと逆向きであり ($\boldsymbol{a} = -\omega^2\boldsymbol{r}$),速度ベクトルとは直交する ($\boldsymbol{v} \cdot \boldsymbol{a} = v_x a_x + v_y a_y = 0$).物体の加速度は,常に円の中心に向かう加速度 (**向心加速度**) であり,その大きさは,$a = |\boldsymbol{a}| = \sqrt{a_x{}^2 + a_y{}^2} =$

$r\omega^2 = v^2/r$ である.

■向心力■ 等速円運動する物体が受けている力 $\boldsymbol{F} = (F_x, F_y)$ は,運動方程式 $m\boldsymbol{a} = \boldsymbol{F}$ より,

$$F_x = ma_x = -mr\omega^2 \cos(\omega t + \theta_0) = -m\omega^2 x$$
$$F_y = ma_y = -mr\omega^2 \sin(\omega t + \theta_0) = -m\omega^2 y$$

のように表される. 等速円運動する物体が受けている円の中心に向かう力を,**向心力**という. 向心力は,円運動している物体が受けている,円の中心に向かう力の総称である. 糸の張力やばねの弾性力,回転している粗い板の上で静止している物体に働く静止摩擦力,万有引力,重力などの力や,その分力,それらの合力などが向心力となる. 向心力の大きさは,$F = |\boldsymbol{F}| = mr\omega^2 = mv^2/r$ と書ける.

■遠心力■ 静止している観測者が,等速円運動している物体を観測し,運動方程式を立てると,物体の加速度,速度,位置が求められる. それでは,自然長から伸びたばねにつながれ,滑らかな水平面上を回転する物体を,この物体と等しい角速度で回転する観測者が観測する場合,どうであろうか. ばねの弾性力を受けている物体が静止して見えるこの観測者は,ばねの弾性力 (向心力) とつり合うようなみかけの力を運動方程式に加えないと,この物体の運動を説明できない. このみかけの力は回転している観測者に生じている向心加速度 と逆向きであるので,

$$\boldsymbol{F} = -m\boldsymbol{a} = m\omega^2 \boldsymbol{r}$$

と書ける. このみかけの力を**遠心力**という. 遠心力の大きさは $F = mr\omega^2 = mv^2/r$ である. 一般に,静止している観測者 (**慣性系**) に対して加速度運動している観測者 (**非慣性系**) の加速度に対応し,運動方程式につけ加えるみかけの力を**慣性力**という.

例題 9.1 一端が軸に固定された長さ l の糸の他端に質量 m の小球をつけ,滑らかな水平な台の上を回転数 n で回転させる. このとき,次の問いに答えなさい.
(1) 周期はいくらか.
(2) 小球の角速度の大きさはいくらか.

(3) 小球の速さはいくらか.

(4) 小球にはたらく糸の張力の大きさはいくらか.

円運動の半径は, 糸の長さに等しい.

(1) 周期は回転数の逆数であるので, $T = 1/n$.

(2) 角速度は, $\omega = 2\pi/T = 2\pi n$.

(3) 速さは, $v = r\omega = 2\pi l/T = 2\pi nl$.

(4) 加速度の大きさは, $a = r\omega^2 = 4\pi^2 l/T^2 = 4\pi^2 n^2 l$ であるので, 向心力である糸の張力の大きさ S は, $S = ma = ml\omega^2 = 4\pi^2 ml/T^2 = 4\pi^2 mn^2 l$.

例題 9.2 質量 1.2×10^3 kg の自動車が, 半径 2.0×10^2 m でカーブしている円形道路上を 20 m/s の速さで等速円運動している.

(1) このとき, 自動車の加速度の大きさはいくらか.

(2) このとき, 自動車を円運動させている向心力の大きさはいくらか.

---

(1) 加速度の大きさは, $a = v^2/r = 20^2/(2.0 \times 10^2) = 2.0$ m/s^2.

(2) 向心力の大きさは, $F = ma = 1.2 \times 10^3 \times 2.0 = 2.4 \times 10^3$ N.

●問題演習 9●

問題 9–1 半径 0.10 m の円周上を 10 秒間で 20 回転する質量 0.20 kg の物体がある. この物体について, 次の問いに答えなさい. ただし, 円周率を 3.14 とする.

(1) 周期はいくらか.

(2) 回転数はいくらか.

(3) 角速度の大きさはいくらか.

(4) 速さはいくらか.

(5) 加速度の大きさはいくらか.

(6) 向心力の大きさはいくらか.

問題 9–2 自動車に乗って, 一定の半径 1.0×10^2 m のカーブを速さ 14 m/s で曲がる. 質量 60 kg の人がこの自動車を運転しているものとして, 次の問いに答えなさい. ただし, 重力加速度の大きさを 9.8 m/s^2 とする.

(1) この人が感じる遠心力の大きさはいくらか.

(2) この遠心力の大きさは重力の何倍か.

問題 9–3　図のように，滑らかな水平面上の固定軸に，自然長が l でばね定数が k の軽いばねをつける．ばねの他端に質量 m の小球をつけて等速円運動させると，ばねは x だけ伸びた．

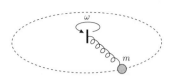

(1)　回転の半径はいくらか．
(2)　小球にはたらくばねの弾性力の大きさはいくらか．
(3)　小球の加速度の大きさはいくらか．
(4)　小球の角速度の大きさはいくらか．
(5)　小球の速さはいくらか．

問題 9–4　長さ l の糸の上端を天井に固定し，他端に質量 m の小球をつけ，水平面内で等速円運動させた．糸と鉛直線のなす角度を θ，重力加速度の大きさを g として，次の問いに答えなさい．

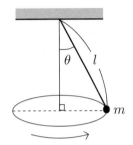

(1)　小球が糸から受ける張力の大きさはいくらか．
(2)　小球の円運動の角速度の大きさはいくらか．
(3)　小球の円運動の周期はいくらか．

問題 9–5　水平な粗い回転する円板の上で，中心 O から r だけ離れたところに質量 m の物体を置く．円板の回転数を大きくしていくと，回転数が n を超えたとき物体は滑り始めた．重力加速度の大きさを g として，次の問いに答えなさい．

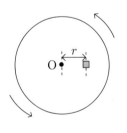

(1)　物体が滑り始める直前の物体の速さはいくらか．
(2)　物体が滑り始める直前の物体の加速度の大きさはいくらか．
(3)　物体が滑り始める直前の物体が受けている向心力の大きさはいくらか．
(4)　物体と円板との間の静止摩擦係数はいくらか．

問題 9–6　月は地球の周りを 27 日で 1.0 回転する．地球と月の距離を 3.8×10^8 m，月は地球を中心とした等速円運動するものとして，次の問いに答えなさい．
(1)　月の円運動の角速度の大きさはいくらか．
(2)　月の円運動の速さはいくらか．
(3)　月の円運動の加速度の大きさはいくらか．

問題 9–7　地球は太陽の周りを 1.0 年かけて公転する．地球と太陽の間隔を 1.5×10^{11} m，万有引力定数を 6.7×10^{-11} N·m^2/kg^2，地球の公転は等速円運動であるとして，次の問いに答えなさい．

(1) 地球の公転の角速度の大きさはいくらか.

(2) 地球の公転の速さはいくらか.

(3) 太陽の質量はいくらか.

問題 9–8 地表近くを円軌道を描いてまわる物体の速さ (**第 1 宇宙速度**) はいくらか. ただし, 地球の半径を 6.4×10^6 m, 重力加速度の大きさを 9.8 m/s^2 とする.

問題 9–9 水平で滑らかな xy 面上に, 一端が原点 O に固定された長さ l の糸につながれた質量 m の物体がある. この物体が一定の大きさ T の張力を受けて円運動するとき, 次の問いに答えなさい. ただし, 物体は時刻 0 に反時計回りに x 軸を横切るものとする.

(1) 物体が円周上の位置 (x, y) にあるとき, 運動方程式を立てなさい.

(2) 時刻 t における物体の加速度を求めなさい.

(3) 時刻 t における物体の位置および速度を求めなさい.

◆ 第10章 ◆

振動

▨**単振動**▨　ばねにつながれた物体のように，物体が変位に比例する**復元力**を受けるとき，物体は**単振動**する．運動方程式は，振動の中心からの変位を x として，

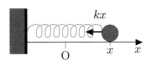

$$m\frac{d^2x}{dt^2} = -kx$$

のように書ける．この微分方程式の**一般解**は，$x = A\sin\omega t + B\cos\omega t = C\sin(\omega t + \varphi)$ である．ここで，$\omega = \sqrt{\dfrac{k}{m}}$ であり，この ω を**角振動数**という．また，A, B, C, φ は定数で，C は振幅，φ は位相とよばれる．振動の周期は $T = \dfrac{2\pi}{\omega} = 2\pi\sqrt{\dfrac{m}{k}}$，**振動数**は $f = \dfrac{1}{T} = \dfrac{\omega}{2\pi}$ である．元の微分方程式を眺めると，(1) 2 度微分して元の関数の形に戻ること，(2) 負号がつくことから，三角関数が予想され，この一般解を元の微分方程式に代入すれば，確かに方程式を満足することが確かめられる．

▨**振り子の運動**▨　摩擦などのない理想的な振り子を**単振り子**という．最下点の位置からの変位を x とするとき，振れの角度 θ が小さいときの運動方程式は

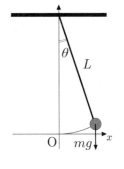

$$m\frac{d^2x}{dt^2} = F \simeq -m\frac{g}{L}x$$

で与えられる．この式は，基本的に上で述べたばねによる単振動と同じ式

$$\frac{d^2x}{dt^2} = -\omega^2 x \quad \left(\omega = \sqrt{\frac{g}{L}}\right)$$

で表される．振り子による振動は，位置 $x(t) = C\sin(\omega t + \varphi)$，角振動数 $\omega = \sqrt{\dfrac{g}{L}}$，振幅 C，位相 φ，周期 $T = 2\pi\sqrt{\dfrac{L}{g}}$，振動数 $\nu = \dfrac{1}{T} = \dfrac{1}{2\pi}\sqrt{\dfrac{g}{L}}$ となる．

■減衰振動■　　速度に比例する抵抗 $-cv = -c\dfrac{dx}{dt}$

を考慮する場合，運動方程式は，

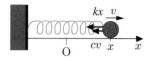

$$m\frac{d^2x}{dt^2} = -c\frac{dx}{dt} - kx$$

となる．この微分方程式は，$\dfrac{d^2x}{dt^2} + 2\gamma\dfrac{dx}{dt} + \omega^2 x = 0$ の形をしている．ここ

で，$\gamma = \dfrac{c}{2m}$ であり，後の式変形が簡単になるようにおいた定数である．

　$x(t) = e^{\lambda t}$ とおいて微分方程式に代入して，**特性方程式** $\lambda^2 + 2\gamma\lambda + \omega^2 = 0$

をつくり，$\lambda = -\gamma \pm \sqrt{\gamma^2 - \omega^2}$ のように決める．2 つの**基本解**は，次のよう

になる．

$$x_1(t) = e^{(-\gamma + \sqrt{\gamma^2 - \omega^2}\,)\,t}, \quad x_2(t) = e^{(-\gamma - \sqrt{\gamma^2 - \omega^2}\,)\,t}$$

微分方程式の**一般解**は，

$$x(t) = C_1 x_1 + C_2 x_2 = C_1 e^{(-\gamma + \sqrt{\gamma^2 - \omega^2}\,)\,t} + C_2 e^{(-\gamma - \sqrt{\gamma^2 - \omega^2}\,)\,t}$$

と書ける．特に，$\gamma < \omega$ の場合，$\sqrt{\gamma^2 - \omega^2} = i\omega'$ として，$x(t) = e^{-\gamma t}(A\sin\omega't + B\cos\omega't)$ と書ける．これは，ω' の角振動数で振動するが，振幅が時間とともに $e^{-\gamma t}$ のように減衰することを示している．この振動を，**減衰振動**という．

例題 10.1　　質量 0.10 kg の物体が，ばね定数 0.40 N/m のばねにつながれて単振動している．振動の周期を求めよ．

　単振動の周期の式より $T = 2\pi\sqrt{\dfrac{m}{k}} = 2 \times 3.14\sqrt{\dfrac{0.10}{0.40}} = 3.14 \cong 3.1$ s である．

例題 10.2　　長さ 0.098 m の軽い糸に，質量 2.0 kg の小球をつるし小さく振らせる．このときの周期を求めよ．ただし，重力加速度の大きさを 9.8 m/s^2 とする．

　振り子による単振動の周期の式より $T = 2\pi\sqrt{\dfrac{L}{g}} = 2 \times 3.14\sqrt{\dfrac{0.098}{9.8}} = 0.628 \cong 0.63$ s である．

●問題演習 10●

問題 10–1　ばねによる単振動について，次の問いに答えよ.
(1)　ばね定数が大きくなるほど振動の周期は大きくなるか，それとも小さくなるか.
(2)　質量が大きくなるほど振動の周期は大きくなるか，それとも小さくなるか.
(3)　ばね定数が 2 倍になると周期は何倍になるか.
(4)　ばね定数 50 N/m のばねに付けた質量 0.020 kg の物体を単振動させた．周期を求めよ.
(5)　ばね定数 4.5 N/m のばねに付けた質量 1.5 kg の物体を単振動させた．この単振動の振動数を求めよ.
(6)　単振動のおもりの質量が 0.25 kg であった．このおもりが 1 往復するのに 0.52 秒かかった．ばね定数はいくらか.

問題 10–2　次の問いに答えよ．ただし，重力加速度を 9.8 m/s^2 とする.
(1)　周期が 2.0 s である単振り子を作るには，振り子の長さをどうすればよいか.
(2)　ホールの天井からつるした長さ 10 m のシャンデリアを，1 つの単振り子とみなすと，その振動の周期は何 s か.
(3)　月面上の重力加速度は地球上のものに比べて 0.17 倍である．長さ 10 m のシャンデリアを月面上で振らせたときの振動の周期は何 s か.

問題 10–3　水平でなめらかな床の上で，ばねの一端を壁に固定し，他端に質量 0.050 kg の物体を付けた．つり合いの位置から 0.10 m 引っ張って手を放すと単振動した.
(1)　単振動の振幅と位相を求めよ.
(2)　ばね定数を 50 N/m とすると振動の周期はいくらか.
(3)　つり合いの位置における速さはいくらか.
(4)　つり合いの位置で加速度はいくらか.

問題 10–4　長さ 1.0 m の重さの無視できるひもに質量 0.050 kg のおもりを付ける．水平方向に 0.10 m だけ物体を動かしてそっと手を放した．振り子の最下点における物体の速さはいくらか．ただし，重力加速度を 9.8 m/s^2 とする.

問題 10–5 物体が単振動をしていて，その運動方程式が $m\dfrac{d^2x}{dt^2} = -kx$ と表される．次の問いに答えよ．

(1) 一般解を求めよ．

(2) 時刻 0 での位置が x_0，速度が 0 であるとして，特殊解を求めよ．

(3) 時刻 0 での位置が原点 O，速度が v_0 であるとして，特殊解を求めよ．

(4) 時刻 0 での位置が x_0，速度が v_0 であるとして，特殊解を求めよ．

問題 10–6 自然長が l の軽いばねの一端を天井に固定し，他端に質量 m の小球をつるすと，ばねが a だけ伸びてつり合った．小球のつり合いの位置を原点とし，鉛直下向きを正の向きとする．小球をばねの自然長の高さまで持ち上げて，時刻 0 に静かに手を放した．重力加速度の大きさを g として，次の問いに答えよ．

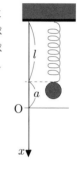

(1) 小球の運動方程式を立てよ．

(2) 小球の時刻 t での位置 $x(t)$ を求めよ．

(3) 小球の周期を求めよ．

(4) 小球が原点を通過する瞬間の速さを求めよ．

問題 10–7 なめらかな水平面上の距離 L だけ隔てられた 2 点 A，B の間に張力 T で糸を張った．この糸の中央に質量 m の小球を付け，x 方向に a だけずらして，時刻 0 に手を静かに放すと，小球は x 軸上を単振動した．

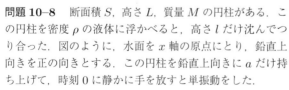

(1) 小球の運動方程式を立てよ．

(2) 小球の時刻 t での位置 $x(t)$ を求めよ．

(3) 小球の単振動の周期を求めよ．

(4) 小球が原点を通過する瞬間の速さを求めよ．

問題 10–8 断面積 S，高さ L，質量 M の円柱がある．この円柱を密度 ρ の液体に浮かべると，高さ l だけ沈んでつり合った．図のように，水面を x 軸の原点にとり，鉛直上向きを正の向きとする．この円柱を鉛直上向きに a だけ持ち上げて，時刻 0 に静かに手を放すと単振動をした．

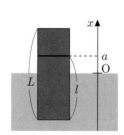

(1) 円柱の運動方程式を立てよ．

(2) 円柱の時刻 t での位置 $x(t)$ を求めよ．

(3) 円柱の単振動の周期を求めよ．

(4) 円柱が原点を通過する瞬間の速さを求めよ．

問題 10–9 図のように，半径 R，質量 M の地球の中心を通るトンネルを掘り，ここに質量 m の物体を時刻 0 に地面 $x = R$ から落とす．地球の密度は一様であるとして，次の問いに答えよ．(ヒント：O からの距離 r においてはたらく万有引力は，半径 r より内側の球の質量が O に集中しているとして計算される．半径 r より外側の質量分布による万有引力は，打ち消し合って 0 となる．)

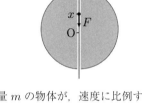

(1) 位置 x で物体にはたらく力 F を求めよ．

(2) 物体の運動方程式を立てよ．

(3) 物体の時刻 t での位置 $x(t)$ を求めよ．

(4) 物体の単振動の周期を求めよ．

(5) 物体が地球の中心を通過する瞬間の速さを求めよ．

問題 10–10 ばね定数が k のばねに結びつけられた質量 m の物体が，速度に比例する抵抗 $-cv$ を受けて振動する．式の見通しをよくするため，$\gamma = c/2m$，$\omega = \sqrt{k/m}$ とする．ばねを伸ばして，物体から静かに手を放すと，減衰振動した．ただし，$\gamma < \omega$ とする．

(1) 物体の運動方程式を立てよ．

(2) 一般解を求めよ．

◆ 第11章 ◆

運動量と力積

運動量 物体の運動の勢いを表すのに，物体の質量 m と速度 $\boldsymbol{v}$ の積である運動量

$$\boldsymbol{p} = m\boldsymbol{v}$$

を定義する．運動量はベクトルであり，単位は $\mathrm{kg \cdot m/s}$ である．運動量を使って運動方程式を，$\dfrac{d\boldsymbol{p}}{dt} = \boldsymbol{F}$ のように表す．m が一定のとき，$\dfrac{d\boldsymbol{p}}{dt} = \dfrac{d(m\boldsymbol{v})}{dt} = m\dfrac{d\boldsymbol{v}}{dt} = \boldsymbol{F}$ である．

力積 時間 Δt の間，物体に一定の力 $\boldsymbol{F}$ を及ぼすとき，物体の速度が変化するので運動量も変化する．これらの積 $\boldsymbol{I}$ は**力積**といい，

$$\boldsymbol{I} = \boldsymbol{F}\Delta t$$

で定義する．力積はベクトルであり，単位は $\mathrm{N \cdot s}$ で運動量の単位 $\mathrm{kg \cdot m/s}$ と同じである．運動方程式 $\dfrac{d\boldsymbol{p}}{dt} = \boldsymbol{F}$ を，時間で積分することにより，運動量の変化 $\Delta \boldsymbol{p}$ は，その間に加えられた力積に等しいことがわかる．

$$\Delta \boldsymbol{p} = m\boldsymbol{v}' - m\boldsymbol{v} = \boldsymbol{F}\Delta t$$

一般に，時刻 t_1 から t_2 までの時間 $\Delta t = t_2 - t_1$ の間に，時間の関数である力 $\boldsymbol{F}(t)$ がはたらく場合，その力積は積分によって求められる．

$$\boldsymbol{I} = \int_{t_1}^{t_2} \boldsymbol{F}\, dt$$

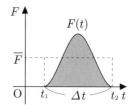

時間 Δt の間に加えられた平均の力 $\overline{\boldsymbol{F}}$ は，力積を時間で割って求められる．

$$\overline{\boldsymbol{F}} = \frac{\boldsymbol{I}}{\Delta t}$$

運動量保存の法則

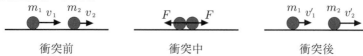

衝突前　　　　　　　　衝突中　　　　　　　　衝突後

物体 1 と物体 2 が衝突し，物体 1 の速度が $\boldsymbol{v}_1$ から $\boldsymbol{v}_1'$ に，物体 2 の速度が $\boldsymbol{v}_2$ から $\boldsymbol{v}_2'$ に変化する．衝突中はお互いに及ぼし合う力 (**内力**) のみがはたらき，運動が変化するとする．物体 1 が物体 2 から受ける力を $\boldsymbol{F}_1$，物体 2 が物体 1 から受ける力を $\boldsymbol{F}_2$ とする．運動量の変化と力積の関係は，それぞれ

$$m_1\boldsymbol{v}_1' - m_1\boldsymbol{v}_1 = \boldsymbol{F}_1\Delta t, \quad m_2\boldsymbol{v}_2' - m_2\boldsymbol{v}_2 = \boldsymbol{F}_2\Delta t$$

となる．

力 $\boldsymbol{F}_1$ と $\boldsymbol{F}_2$ は，作用・反作用の関係にあるので，$\boldsymbol{F}_1 = -\boldsymbol{F}_2$ である．2 つの式を足して整理すると，

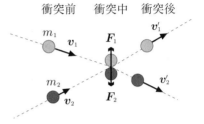

$$m_1\boldsymbol{v}_1 + m_2\boldsymbol{v}_2 = m_1\boldsymbol{v}_1' + m_2\boldsymbol{v}_2'$$

となる．2 つの物体の運動量の和は，衝突の前後で変化しないことがわかる．これを，**運動量保存の法則**という．物理量が時間変化しないとき，その物理量は保存されるという．

(1)　1 次元の衝突　$m_1v_1 + m_2v_2 = m_1v_1' + m_2v_2'$

(2)　2 次元の衝突　$\begin{cases} m_1v_{1x} + m_2v_{2x} = m_1v_{1x}' + m_2v_{2x}' \\ m_1v_{1y} + m_2v_{2y} = m_1v_{1y}' + m_2v_{2y}' \end{cases}$

■**はね返り**■　2 つの物体の一直線上の衝突を考える．衝突直前の 2 つの物体が互いに近づく速さ (相対速度の大きさ) と衝突直後の遠ざかる速さの比は常に一定であり，この比を**はね返り係数** (**反発係数**) という．はね返り係数 e は，次式のように表される．

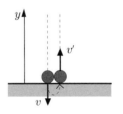

$$e = \frac{|v_1' - v_2'|}{|v_1 - v_2|} = -\frac{v_1' - v_2'}{v_1 - v_2}$$

図のように，特に一方が固定されている場合は，物体の衝突前後の速度 v と v' の大きさの比で，

$$e = \left|\frac{v'}{v}\right| = -\frac{v'}{v}$$

のように表される．

はね返り係数 e の値に応じて，衝突の種類が表のように分類される.

$e = 1$	$0 \leqq e < 1$	$e = 0$
弾性衝突	非弾性衝突	完全非弾性衝突

例題 11.1　速さ 15 m/s で飛んできた質量 0.20 kg のボールをバットで打ち返すと，ボールは反対の向きに速さ 30 m/s で飛んだ.

(1)　バットがボールに与えた力積の大きさはいくらか.

(2)　バットとボールの接触時間は 0.030 s だったとするとバットがボールに与えた平均の力の大きさはいくらか.

---

(1)　最初にボールの飛んでいる方向を正の方向とすると，衝突によるボールの運動量変化は $\Delta \boldsymbol{p} = 0.20 \times (-30) - 0.20 \times 15 = -9.0 \text{ kg} \cdot \text{m/s}$ である. 運動量の変化が力積 $\boldsymbol{I}$ と等しいので，力積の大きさは $|\boldsymbol{I}| = 9.0 \text{ N} \cdot \text{s}$ となる.

(2)　接触している間に加えられた平均の力の大きさは，

$$|\overline{\boldsymbol{F}}| = \frac{|\boldsymbol{I}|}{\Delta t} = \frac{|-9.0 \text{ N} \cdot \text{s}|}{0.030 \text{ s}} = 3.0 \times 10^2 \text{ N}$$

である.

例題 11.2　質量 4.0 kg の物体 1 と質量 1.0 kg の物体 2 がある. 一直線上で，右向きに速さ 3.0 m/s で進む物体 1 と，左向きに速さ 5.0 m/s で進む物体 2 が衝突した. これらの物体のはね返り係数 e が 0.50 であるとき，衝突後の物体 1 と物体 2 の速度を求めよ.

右向きの速度を正とし，衝突後の物体 1 と物体 2 の速度を v_1', v_2' とする. 運動量保存則から，$4.0 \times 3.0 + 1.0 \times (-5.0) = 4.0 v_1' + 1.0 v_2'$, つまり，$4.0 v_1' + 1.0 v_2' = 7.0$ である. 一方，はね返り係数の式から，$0.50 = \dfrac{v_2' - v_1'}{3.0 - (-5.0)}$ つまり，$v_2' - v_1' = 4.0$ である. 上の 2 つの式を連立させて解くと，$v_1' = 0.60$ m/s, $v_2' = 4.6$ m/s とわかる.

●●問題演習 11 ●●

問題 11–1　次の問いに答えよ.
(1) 質量 2.0 kg の物体が右向きに速さ 3.0 m/s で運動しているとき, 物体の運動量はいくらか.
(2) 質量 2.0 kg の物体が右向きに 8.0 kg・m/s の運動量をもつとき, この物体の速度はいくらか.
(3) 時速 160 km で投げられた質量 0.145 kg のボールの運動量の大きさはいくらか.
(4) はじめ静止していた質量 10 kg の物体に, 大きさが 20 N の一定の力を 5.0 秒間加えると, 速さはどれだけ変化するか.

問題 11–2　次の問いに答えよ.
(1) ボールを壁に垂直に速さ 10 m/s で当てたら, ボールは速さ 5.0 m/s となってはね返った. はね返り係数はいくらか.
(2) ボールを床に落としたところ, ボールは床から全くはね上がってこなかった. はね返り係数はいくらか.
(3) x 軸上を運動する物体 1 と物体 2 について, 衝突前の速度は物体 1 が 2.0 m/s で物体 2 が −4.0 m/s だった. 物体 1 と物体 2 が正面衝突した結果, 衝突後に物体 1 の速度が 1.0 m/s で物体 2 の速度が 2.5 m/s となったとき, はね返り係数はいくらか.
(4) x 軸上を運動する物体 1 と物体 2 について, 衝突前の速度は物体 1 が 2.0 m/s で物体 2 が −4.0 m/s だった. 物体 1 と物体 2 が正面衝突した結果, 衝突後に物体 1 の速度が −1.0 m/s で物体 2 の速度が 5.0 m/s となったとき, はね返り係数はいくらか.

問題 11–3　一直線上で運動する物体について次の問いに答えよ. ただし, 摩擦力は無視できるものとする.
(1) 速さ 1.0 m/s で運動していた質量 1.0 kg の物体 1 が, 静止していた質量 4.0 kg の物体 2 に衝突した. 衝突後, 物体 1 はその場で静止し, 物体 2 は運動した. 物体 2 の衝突後の速さはいくらか.
(2) 速さ 1.0 m/s で運動していた質量 1.0 kg の物体 1 が, 静止していた質量 4.0 kg の物体 2 に衝突した. 衝突後, 物体 1 と物体 2 は一体となって運動した. 衝突後の物体の速さはいくらか.
(3) 速さ 1.0 m/s で運動していた質量 1.0 kg の物体 1 が, 静止していた質量 3.0 kg の物体 2 に衝突した. 衝突後, 物体 1 は逆方向に速さ 0.20 m/s で運動した. 物体 2 の衝突後の速さはいくらか.

(4)　質量 1.0 kg の物体 1 と質量 4.0 kg の物体 2 がある．速さ 1.0 m/s で進む物体 1 と，それとは逆方向に速さ 2.0 m/s で進む物体 2 が衝突した．衝突後，物体 1 がはじめと逆方向に速さ 3.0 m/s で運動した．物体 2 の衝突後の速さと運動の向きを答えよ．

問題 11–4　x 軸上を正の向きに進んでいる質量 5.0 kg の物体が，原点を 3.0 m/s の速度で通過した瞬間から，図のように変化する力を受けた．

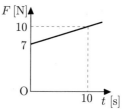

(1)　はじめの 10 s 間にこの物体が受けた力積を求めよ．

(2)　$t = 10$ s におけるこの物体の速度を求めよ．

問題 11–5　速さ 20 m/s で右向きに飛んできた質量 0.14 kg のボールをバットで打ったところ，左向きに 30 m/s で飛んで行った．ボールとバットの接触時間は 0.020 s として，次の問いに答えよ．

(1)　ボールの運動量の変化はいくらか．

(2)　ボールがバットから受けた力積はいくらか．

(3)　ボールが受けた平均の力の大きさはいくらか．

問題 11–6　地上から質量 1.0 kg の小球を鉛直方向上向きに初速 19.6 m/s で投げ上げた．鉛直上向きを正の向き，重力加速度の大きさを 9.8 m/s^2 として，次の問いに答えよ．

(1)　最高点に達するまでに小球の運動量はいくら変化したか．

(2)　最高点に達するまでに小球が受けた重力による力積はいくらか．

(3)　上記 (1)，(2) より，最高点に達するまでの時間を求めよ．

問題 11–7　質量 1.0 kg の台車 A と，質量 3.0 kg の台車 B が，押し縮められたばねをはさんで糸で結ばれ静止していた．糸を静かに切ると，台車 A は左向きに速さ 1.0 m/s で動き始めた．

(1)　台車 B の速度はいくらか．

(2)　台車 A が受けた力積はいくらか．

(3)　台車 B が受けた力積はいくらか．

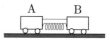

問題 11–8　一直線上で，右向きに 2.0 m/s の速さで進む質量 2.0 kg の物体 A と，左向きに 1.0 m/s の速さで進む質量 1.0 kg の物体 B がはね返り係数 0.50 で衝突した．

(1)　衝突後の物体 A の速度を求めよ．

(2)　物体 A が受けた力積を求めよ．

問題 11–9　高さ 6.4 m のところから静かに落下したボールが水平な床と衝突し，高さ 2.5 m のところまで上がった．ボールと床のはね返り係数を求めよ．

問題 11–10　北東に進んでいる質量 5.0 kg の物体
A が，質量 2.0 kg の物体 B と質量 3.0 kg の物体 C
に分裂した．B は北向きに進み，C は東向きに速さ
10 m/s で進んだ．

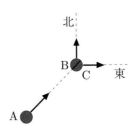

(1)　分裂前の物体 A の速さを求めよ．

(2)　分裂後の物体 B の速さを求めよ．

問題 11–11　機関銃で毎分 800 発の弾丸を標的に撃ち込んでいる．弾丸の質量を 30 g，
標的に当たる直前の弾丸の速さを 350 m/s としたとき，標的に加わる平均の力の大き
さは何 N か．

◆ 第12章 ◆

仕事とエネルギー

▍**力がする仕事**▍ 物体に一定の大きさの力 F を加えて，距離 s だけ力の方向に移動させるとき，この力がする**仕事**は次式となる．

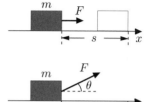

$$W = Fs$$

仕事の単位は，J (ジュール) である．$J = N \cdot m$ である．力の向きと移動方向が一致していないときは，力を移動方向とその垂直方向に分けて考える．力がする仕事は，移動方向の分力がする仕事に等しい．

$$W = Fs \cos \theta$$

ここで θ は，力と移動方向とがなす角である．

物体にはたらく力が位置 x により変化し，位置の関数で書け，物体を x_1 から x_2 に移動させるときの仕事は以下のように積分して求められる．

$$W = \int_{x_1}^{x_2} F(x)\, dx$$

▍**仕事率**▍ 1秒間あたりにすることができる仕事量を**仕事率**という．時間 t の間に仕事 W をするとき，平均の仕事率は次式のようになる．

$$P = \frac{W}{t}$$

また，移動距離について $s = vt$ の関係があるとき，$P = Fv$ と書ける．仕事率の単位は，W (ワット) である．$W = J/s$ である．

▍**運動エネルギーの変化と仕事 (エネルギーの原理)**▍ 運動方程式の両辺に速度を掛け算し，積分する．

$$\int_{v_1}^{v_2} mv \frac{dv}{dt}\, dt = \int_{t_1}^{t_2} Fv\, dt = \int_{t_1}^{t_2} F \frac{dx}{dt}\, dt = \int_{x_1}^{x_2} F\, dx$$

より，

$$\frac{1}{2}mv_2{}^2 - \frac{1}{2}mv_1{}^2 = W$$

が得られる．この式は，物体にはたらく力のする仕事が，$\frac{1}{2}mv^2$ の増加に等しいことを示している．見方を変えれば，物体がもつ $\frac{1}{2}mv^2$ の一部を使って仕事をなすことができる．

■**運動エネルギー**■　上記のエネルギーの原理で出てくる $\frac{1}{2}mv^2$ を**運動エネルギー**とよぶ．

$$K = \frac{1}{2}mv^2$$

運動エネルギーの単位は，J である．

■**保存力**■　力がする仕事が始点・終点の位置だけできまり，途中の経路によらないとき，その力は**保存力**であるという．力学の範囲で出てくる重力，万有引力，ばねの弾性力は，保存力である．

力が保存力であるとき，**位置エネルギー** (ポテンシャルエネルギー) U が定義される．位置エネルギーは，保存力がすることができる仕事の量を表す．逆に，位置エネルギーが与えられると，微分することにより力を求めることができる．

$$U(x) = \int_x^{x_0} F\,dx \;\Leftrightarrow\; F(x) = -\frac{dU}{dx}$$

ここで，x_0 は位置エネルギーの基準となる位置である．

■**重力による位置エネルギー**■　鉛直上方を y 軸の正の向きとし，地面に原点がある．地面から高さ h にある質量 m の物体を基準である地面まで移動する．このとき，物体にはたらく重力がする仕事を計算する．

$$W = \int_h^0 (-mg)\,dy = \Big[-mgy \Big]_h^0 = mgh$$

高さ h にある物体にはたらく重力は，mgh だけ仕事をすることができる．基準までの移動で重力がすることができる仕事を，**重力による位置エネルギー**という．単位は，J である．

$$U = mgh$$

■■ばねの弾性力による位置エネルギー■■　　ばね定数 k のばねの自然長からの伸びを x で表すとき，**ばねの弾性力による位置エネルギー** $U(x)$ は，弾性力がする仕事 W を計算して，次のように求められる．単位は，J である．

$$U(x) = W = \int_x^0 (-kx)\, dx = \frac{1}{2}kx^2$$

例題 12.1　　なめらかな水平面上に物体がある．その物体に右向きに 6.0 N の力を加え続けたところ，右に 10 m だけ移動した．このときに力がした仕事を求めよ．

力がした仕事は $W = Fs = 6.0 \times 10 = 60$ J である．

例題 12.2　　なめらかな水平面上で，質量 5.0 kg の物体が右向きに速さ 4.0 m/s で運動している．この物体が 10 m 移動する間，右向きに 12 N の力を加え続けた．
(1)　物体が最初もっていた運動エネルギーはいくらか．
(2)　10 m 移動した後の物体のもつ運動エネルギーはいくらか．
(3)　10 m 移動した後の物体の速さはいくらか．

---

(1)　はじめの運動エネルギーは，$K_0 = \dfrac{1}{2}mv_0^2 = \dfrac{1}{2} \times 5.0 \times 4.0^2 = 40$ J である．

(2)　エネルギーの原理より，力が物体にした仕事が運動エネルギーとして物体に蓄えられる．力が物体にした仕事は $W = Fs = 12 \times 10 = 1.2 \times 10^2$ J である．よって，力を加えられた後の物体の運動エネルギーを K とすると，$K - K_0 = W \Leftrightarrow K = K_0 + W = 40 + 120 = 1.6 \times 10^2$ J と求まる．

(3)　力を加えられた後の物体の速さ v は，

$$K = \frac{1}{2}mv^2 \Leftrightarrow v = \sqrt{\frac{2K}{m}} = \sqrt{\frac{2 \times 1.6 \times 10^2}{5.0}} = 8.0 \text{ m/s}$$

となる．

●問題演習 12 ●

問題 12–1　次の問いに答えよ．ただし，重力加速度の大きさは $9.8 \mathrm{\ m/s^2}$ とする．

(1)　物体に $3.0 \mathrm{\ N}$ の力を加えて，力の向きに $5.0 \mathrm{\ m}$ 移動させる．この力がした仕事はいくらか．

(2)　速さ $5.0 \mathrm{\ m/s}$ で動いている質量 $2.0 \mathrm{\ kg}$ の物体のもつ運動エネルギーはいくらか．

(3)　質量 $2.0 \mathrm{\ kg}$ の静止した物体がある．この物体に $1.0 \times 10^2 \mathrm{\ J}$ の仕事をすると，速さはいくらになるか．

(4)　$5.0 \times 10^3 \mathrm{\ kg}$ の荷物を，10 秒で地面から高さ $30 \mathrm{\ m}$ まで一定の速さで運ぶときの仕事率を求めよ．

(5)　地面からの高さが $2.0 \mathrm{\ m}$ の位置にある，質量 $2.5 \mathrm{\ kg}$ の物体のもつ重力による位置エネルギーはいくらか．ただし，位置エネルギーの基準を地面とする．

(6)　水平に置かれたばね (ばね定数が $20 \mathrm{\ N/m}$) を，自然長から $0.20 \mathrm{\ m}$ 伸ばすと，このばねのもつ弾性力による位置エネルギーはいくらとなるか．

問題 12–2　なめらかな水平面上で静止している物体に $5.0 \mathrm{\ N}$ の一定の力を加え，力のはたらく方向へ $20 \mathrm{\ m}$ 移動させた．

(1)　力のした仕事はいくらか．

(2)　物体の運動エネルギーはどれだけ変化するか．

(3)　物体の質量が $2.0 \mathrm{\ kg}$ であるとき，力を加えられた後の物体の速さはいくらになるか．

問題 12–3　床の上に物体が静止している．この物体に，床と平行な方向から $60°$ だけ上方に向かって $12 \mathrm{\ N}$ の力で物体を引いたところ，物体は $5.0 \mathrm{\ m}$ だけ移動した．このとき，引く力がした仕事はいくらか．

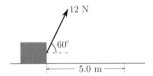

問題 12–4　はじめ静止している質量 $2.0 \mathrm{\ kg}$ の物体に右向きに一定の力を，時刻 $0.0 \mathrm{\ s}$ から $10 \mathrm{\ s}$ の間だけ加え，$16 \mathrm{\ J}$ の仕事をした．

(1)　時刻 $10 \mathrm{\ s}$ の物体の速度はいくらか．

(2)　物体の加速度はいくらか．

(3)　時刻 $10 \mathrm{\ s}$ までに物体の移動した距離はいくらか．

(4)　時刻 $10 \mathrm{\ s}$ から，はじめに加えた力と逆向きに一定の力 $2.0 \mathrm{\ N}$ を加える．物体が再び静止するまでの間，物体はさらにどれだけの距離を移動するか．

問題 12–5 物体が図のように，あらい水平面上を，次の (1), (2) の経路で移動した．摩擦力がする仕事はそれぞれいくらか．ただし，物体と水平面との間の動摩擦力の大きさを 5.0 N とする．

(1) A から B に直接移動する場合

(2) A から C に移動した後，B まで移動する場合

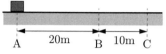

問題 12–6 図のように，なめらかな斜面 AC がある．質量 40 kg の物体を斜面上でゆっくりと A から C まで引き上げた．重力加速度の大きさを 9.8 m/s^2 として，次の問いに答えよ．

(1) 物体を引きあげる力 F の大きさは何 N か．

(2) 力 F がした仕事は何 J か．

(3) 物体にはたらく重力がした仕事は何 J か．

(4) A 点を基準とすると，C 点での物体の位置エネルギーはいくらか．

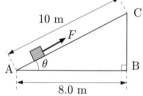

問題 12–7 図のように x 軸に沿って，あらい水平面上を右向きに運動している質量 2.0 kg の物体がある．物体は速さ 10 m/s で原点 O を通過した後，20 m 移動した．物体にはたらく動摩擦力の大きさを 2.0 N として，次の問いに答えよ．

(1) 20 m 移動する間に，動摩擦力がした仕事はいくらか．

(2) 20 m 移動する間に，物体が失った運動エネルギーはいくらか．

(3) 20 m 移動した後の物体の速度はいくらか．

問題 12–8 水平となす角度が 30° のなめらかな斜面があり，その斜面上で質量 m の物体を静かに放した．物体が斜面を距離 l だけすべり下りるとき，次の問いに答えよ．ただし，重力加速度の大きさは g とする．

(1) 距離 l だけすべり下りる間に，重力がする仕事はいくらか．

(2) 距離 l だけすべり下りたとき，物体の運動エネルギーはいくらか．

(3) 距離 l だけすべり下りたとき，物体の速さはいくらか．

問題 12–9　図のように，地面から 2.0 m の高さから，自然長が 0.20 m で，ばね定数が 10 N/m の軽いばねを鉛直につるす．このばねの下端に質量 0.50 kg の小さなおもりを付けたところ，ばねが伸びて，ある位置で力がつり合った．重力による位置エネルギーの基準を地面，重力加速度の大きさを 9.8 m/s² として，次の問いに答えよ．

(1)　地面から測ったおもりの高さはいくらか．

(2)　おもりのもつ重力による位置エネルギーはいくらか．

(3)　ばねのもつ弾性力による位置エネルギーはいくらか．

(4)　おもりを手で支えて，ばねが自然の長さとなる位置まで持ち上げるとき，おもりの重力による位置エネルギーはいくらとなるか．

(5)　上記 (4) のとき，手のした仕事はいくらか．

◆ 第13章 ◆

力学的エネルギー保存の法則

▌力学的エネルギー▌　物体にはたらく力の内，実際に仕事をするのが保存力 (重力，ばねの力など) だけであれば，運動エネルギーと位置エネルギーの和である力学的エネルギー E はいつも等しくなり，時間変化しない．これを力学的エネルギー保存の法則という．物体の運動エネルギーを K，位置エネルギーを U と書くと次のように表される．

$$E = K + U = 一定$$

力学的エネルギーの単位も J である．

▌力学的エネルギー保存の法則 (重力)▌　物体にはたらく力の内，仕事をするのが重力のみの場合，P 点と Q 点における力学的エネルギーは等しい．

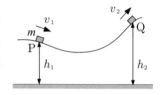

$$\frac{1}{2}mv_1{}^2 + mgh_1 = \frac{1}{2}mv_2{}^2 + mgh_2$$

▌力学的エネルギー保存の法則 (ばねの弾性力)▌　水平面上で，ばねの弾性力のみが仕事をする場合にも，P 点と Q 点における力学的エネルギーは等しい．

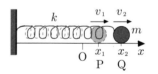

$$\frac{1}{2}mv_1{}^2 + \frac{1}{2}kx_1{}^2 = \frac{1}{2}mv_2{}^2 + \frac{1}{2}kx_2{}^2$$

▌力学的エネルギー保存の法則 (重力＋ばねの弾性力)▌　重力とばねの弾性力だけが仕事をする場合にも，P 点と Q 点における力学的エネルギーは等しい．

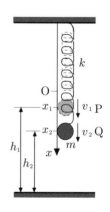

$$\frac{1}{2}mv_1{}^2 + mgh_1 + \frac{1}{2}kx_1{}^2 = \frac{1}{2}mv_2{}^2 + mgh_2 + \frac{1}{2}kx_2{}^2$$

例題 13.1　質量 15 kg の小球を，初速度 7.0 m/s で地面から鉛直上向きに投げ上げた．最高点の高さを求めよ．ただし，重力加速度の大きさを 9.8 m/s^2 とせよ．

位置エネルギーの基準を地面とする．最高点では小球の速度が 0 になるので，最高点の高さ H における力学的エネルギー保存の法則は

$$\frac{1}{2} \times 15 \times 7.0^2 + 15 \times 9.8 \times 0 = \frac{1}{2} \times 15 \times 0^2 + 15 \times 9.8 \times H$$

と書ける．よって，最高点は $H = \dfrac{15 \times 7.0^2}{2 \times 15 \times 9.8} = 2.5 \text{ m}$ と求まる．

●問題演習 13●

問題 13–1　1 つの物体の運動について，次の問いに答えよ．ただし，保存力以外の力は加わっていないものとする．

(1) はじめ，物体の運動エネルギーは 8.0 J で位置エネルギーが 5.0 J だったが，別の時刻では位置エネルギーが 4.0 J となった．このときの運動エネルギーはいくらか．

(2) はじめ，物体の運動エネルギーは 6.0 J で位置エネルギーが −9.0 J だったが，別の時刻では運動エネルギーが 1.0 J となった．このときの位置エネルギーはいくらか．

(3) はじめ，物体の運動エネルギーは 17 J で位置エネルギーが 19 J だったが，別の時刻では運動エネルギーが位置エネルギーの 2 倍であった．このときの運動エネルギーと位置エネルギーはそれぞれいくらか．

(4) はじめ，物体の運動エネルギーは 5.0 J で位置エネルギーが 5.0 J だった．後の時刻では運動エネルギーが 7.0 J になっていたが，さらに後の時刻では位置エネルギーは 2.0 J であった．最後の時刻での運動エネルギーはいくらか．

(5) 物体を地面から投げ上げる．投げ上げる瞬間の物体の運動エネルギーが 3.0 J であった．地面を位置エネルギーの基準とすると，最高点での位置エネルギーはいくらか．

問題 13–2　地面から高さ 2.5 m の場所にある質量 4.0 kg のボールについて，静かに手を放すことで落下させる．重力による位置エネルギーの基準は地面とし，重力加速度の大きさを 9.8 m/s^2 とする．

(1) ボールを手放す瞬間の位置エネルギーはいくらか．

(2)　ボールを手放す瞬間の力学的エネルギーはいくらか.

(3)　ボールが地面に落下する瞬間の運動エネルギーはいくらか.

(4)　ボールが地面に落下する瞬間の速さはいくらか.

問題 13–3　地面から速さ 14 m/s で質量 0.20 kg のボールを真上に投げ上げる. 重力による位置エネルギーの基準は地面とし, 重力加速度の大きさを 9.8 m/s^2 とする.

(1)　ボールを投げる瞬間の力学的エネルギーはいくらか.

(2)　ボールが最高点に達したときの力学的エネルギーはいくらか.

(3)　ボールが最高点に達したときの位置エネルギーはいくらか.

(4)　ボールの最高点の高さはいくらか.

(5)　ボールが地面に落下する瞬間の速さはいくらか.

問題 13–4　地面からの高さが 3.0 m の台に乗り, 速さ 20 m/s で質量 0.20 kg のボールを真上に投げ上げる. 重力による位置エネルギーの基準は地面とし, 重力加速度の大きさを 9.8 m/s^2 とする.

(1)　ボールを投げる瞬間の力学的エネルギーはいくらか.

(2)　ボールが最高点に達したときの力学的エネルギーはいくらか.

(3)　ボールが最高点に達したときの位置エネルギーはいくらか.

(4)　ボールの最高点の高さはいくらか.

(5)　ボールが地面に落下する瞬間の速さはいくらか.

問題 13–5　図のように天井に一端が固定された軽い糸に, 2.5 kg のおもりを付けて振り子を作る. おもりを最下点から高さ 0.50 m のところまで糸がたるまないように持ち上げて, 静かに手を放し, 振動させる. おもりが最下点を通過するときの速さを求めよ. ただし, 重力加速度の大きさは 9.8 m/s^2 とする.

問題 13–6　なめらかな斜面を質量 5.0 kg の物体がすべり下りる. 物体ははじめ, 地面からの高さ 10.0 m の地点からゆっくりとすべり始めるとする. 重力加速度の大きさは 9.8 m/s^2 とする.

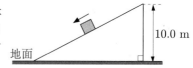

(1)　はじめに物体のもつ力学的エネルギーはいくらか.

(2)　物体が高さ 2.5 m の地点まですべったとき, 物体のもつ力学的エネルギーはいくらか.

(3)　物体が斜面の最下点まですべったとき, 物体のもつ力学的エネルギーはいくらか.

(4)　物体が高さ 2.5 m の地点まですべったとき, 物体の速さはいくらか.

(5)　物体が斜面の最下点まですべったとき, 物体の速さはいくらか.

問題 13-7　質量 10 kg の物体を，地面からの高さが 10 m のところから水平方向に速さ 10 m/s で投げ出した．重力の位置エネルギーの基準は地面にとり，重力加速度の大きさを 9.8 m/s^2 として，次の問いに答えよ．

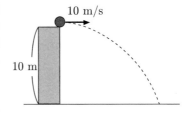

(1)　投げ出したときの運動エネルギーを求めよ．

(2)　投げ出したときの重力の位置エネルギーを求めよ．

(3)　高さが 5.0 m のところを通過するときの物体の速さを求めよ．

(4)　地面に達する直前の物体の速さを求めよ．

問題 13-8　図のように，なめらかな曲面がある．高さ 0.40 m の点 A から初速度 0.0 m/s ですべりだした小球が，高さ 0.20 m の先端 B から飛び出し，地面に落下した．重力加速度の大きさを 9.8 m/s^2 として，次の問いに答えよ．

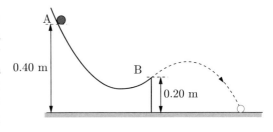

(1)　点 B から飛び出すときの小球の速さはいくらか．

(2)　小球が地面に達するときの速さはいくらか．

問題 13-9　なめからかな水平面 AB と曲面 BC をもつ固定された台がある．A にばね定数 9.8 N/m のつるまきばねの一端を付け，他端に質量 0.010 kg の小球を付ける．小球を押して，ばねを自然長から 0.020 m だけ縮めて手を放した．重力加速度の大きさを 9.8 m/s^2 として，次の問いに答えよ．

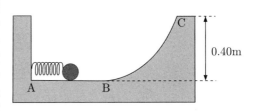

(1)　小球は B を通る水平面から何 m の高さまで上昇するか．

(2)　B と C の高低差は 0.40 m である．ばねを 0.10 m 縮めてから放すと，小球は C から飛び出した．このときの C を通る瞬間の速さはいくらか．

問題 13–10　図のように質量 2.0 kg の物体 A と質量
3.0 kg の物体 B を，なめらかに回転する滑車に通した軽
い糸でつなぐ．A, B を同じ高さで支えた後，静かに支えを
取ると，A は上向きに，B は下向きに動き始めた．はじめ
の位置を重力による位置エネルギーの基準とし，2.0 m 移
動したときについて，次の問いに答えよ．ただし，重力加
速度の大きさを 9.8 m/s^2 とする．

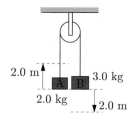

(1)　A, B の位置エネルギーの和を求めよ．

(2)　A, B の速さを求めよ．

第14章

解析力学

▓**ラグランジアン**▓　簡単のため，x 座標のみを考え，物体の 1 変数の運動を考える．座標 x とその時間微分 $\dot{x} = \dfrac{dx}{dt}$ とで，運動エネルギーを $T = T(\dot{x})$，位置エネルギーを $U = U(x)$ と表す．**ラグランジアン (ラグランジュ関数)** は，$L = T - U$ で定義される．

▓**オイラー・ラグランジュ方程式**▓　物体のラグランジアンを求めた後，次のオイラー・ラグランジュ方程式に代入する．

$$\frac{d}{dt}\left(\frac{\partial L}{\partial \dot{x}}\right) - \frac{\partial L}{\partial x} = 0$$

左辺の第 1 項は，運動量の時間微分であり，第 2 項はポテンシャルの空間微分なので力を表す．つまり，ニュートンの運動方程式と同じ意味をもつ．保存力以外の力がある場合は，右辺に付け加える．

▓**ハミルトンの正準方程式**▓　1 次元の物体の座標 x とその時間微分 $v = \dot{x}$ によるラグランジアンを $L(x, \dot{x})$ とする．共役な**一般化運動量**を $p = \dfrac{\partial L}{\partial \dot{x}}$ のように定義する．このとき，ハミルトニアンは

$$H(x, p, t) = p\dot{x} - L(x, \dot{x}, t)$$

のように定義される．このハミルトニアンを使って，オイラー・ラグランジュ方程式と等価な 1 階の連立微分方程式に書き直すことができる．

$$\frac{dx}{dt} = \frac{\partial H}{\partial p}$$

$$\frac{dp}{dt} = -\frac{\partial H}{\partial x}$$

この式を**ハミルトンの正準方程式**という．

▓**一般化座標，一般化運動量**▓　n 次元の物体の一般化座標を q_i で表す（$i = 1, 2, 3, \cdots, n$）．このとき，その時間微分を $\dot{q}_i$，ラグランジアンを $L(q_i, \dot{q}_i)$，共

役な**一般化運動量**を $p_i = \dfrac{\partial L}{\partial \dot{q}_i}$ とする.このとき,ハミルトニアンは

$$H(q_i, p_i, t) = \sum_{i=1}^{n} p_i \dot{q}_i - L(q_i, \dot{q}_i, t)$$

のように定義され,ハミルトンの正準方程式は $\dfrac{dq_i}{dt} = \dfrac{\partial H}{\partial p_i}$, $\dfrac{dp_i}{dt} = -\dfrac{\partial H}{\partial q_i}$ となる.

●● 問題演習 14 ●●

問題 14–1　図のように,ある高さから質量 m のボールを自由落下させた.ただし,重力加速度の大きさは g とする.
(1)　ラグランジアンを求めよ.
(2)　ラグランジュ方程式から運動方程式を導け.
(3)　ハミルトニアンを求めよ.
(4)　正準方程式から運動方程式を導け.

問題 14–2　図のように,水平方向からの傾きが θ のなめらかな斜面があり,なめらかに回る軽い滑車に糸を通して,質量 m の2つのおもり A, B を連結する.ただし,重力加速度の大きさは g とする.
(1)　この系のラグランジアンを求めよ.
(2)　ラグランジュ方程式から運動方程式を導け.
(3)　ハミルトニアンを求めよ.
(4)　正準方程式から運動方程式を導け.

問題 14–3　図のようにばね定数 k のばねに質量 m のおもりがついていて,なめらかな床の上を単振動している.ばねが自然長のときのおもりの位置を原点とし,ばねが伸びる方向を x 軸の正の向きとする.
(1)　ラグランジアンを求めよ.
(2)　ラグランジュ方程式から運動方程式を導け.
(3)　ハミルトニアンを求めよ.
(4)　正準方程式から運動方程式を導け.

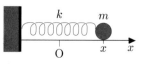

問題 14–4 図のように，糸の長さ l でおもりの質量が m の単振り子がある．糸が鉛直線となす角を θ とする．

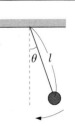

(1) ラグランジアンを求めよ．

(2) ラグランジュ方程式から運動方程式を導け．

(3) ハミルトニアンを求めよ．

(4) 正準方程式から運動方程式を導け．

◆ 第15章 ◆

物理量の表し方，指数と接頭語

▐**基本量，基本単位，国際単位系**▐　力学の範囲において，**基本量**として長さ (Length)，時間 (Time)，質量 (Mass) の 3 つを選ぶ．速度のような基本量以外の物理量は，基本量を組み合わせたものとなり，**誘導量**という．

　長さ，時間，質量の大きさは，基準となる長さ，時間，質量の何倍であるかにより表す．この基準となる長さ，時間，質量を**基本単位**という．誘導量の単位は，基本単位の組み合わせとなり，**組立単位**とよばれる．速度の単位は，m/s (メートル毎秒) となる．

　一組の基本単位，組立単位として，**国際単位系 (SI)** を選ぶ．国際単位系は，長さにメートル (m)，質量にキログラム (kg)，時間に秒 (s) を用いる **MKS 単位系**を拡張したもので，電流にアンペア (A)，温度にケルビン (K)，光度にカンデラ (cd)，物質量にモル (mol) を加えた 7 つの基本量の基本単位から構成されている．

量	名称	記号
長さ	メートル	m
質量	キログラム	kg
時間	秒	s

複雑な単位には科学者の名前から固有名をつけている．

量	名称	記号	他の表し方
力	ニュートン	N	$1\,\mathrm{N} = 1\,\mathrm{kg\cdot m/s^2}$
圧力	パスカル	Pa	$1\,\mathrm{Pa} = 1\,\mathrm{N/m^2}$
エネルギー	ジュール	J	$1\,\mathrm{J} = 1\,\mathrm{N\cdot m}$
仕事率	ワット	W	$1\,\mathrm{W} = 1\,\mathrm{J/s}$

▐**物理量の表し方**▐　物理量は，長さ 20 m，時間 15 s，質量 60 kg などのように，**数値 単位**という形で表される．記号で物理量を表す場合は，その記号に数値と単位が含まれているとして扱う．物理量は，アルファベットやギリシア

文字などの記号を使って表される．英単語の頭文字から選ばれることが多い．
質量 mass の記号は m だが，物理量であることを表すために斜体 *m* とする．
一方，単位にもアルファベットの記号を使うので物理量と区別するために，立
体で表す．よって，長さの単位メートルは，m のように表す．

▌指数と科学的表記▐

基本単位や組立単位と比べ，非常に大きな量や小さな量をそのまま用いることは，不便で，計算間違いしやすい．このような場合，科学的表記法を用いるのがよい．たとえば 2468 m は 2.468×10^3 m のように，仮数部の 2.468 と指数部の 10^3 の積で表現する．ここで，仮数部は 1 以上，10 未満の小数とする．

指数 (1 ずつ変化)		倍数 (10 倍変化)
10^3	$=$	1000
10^2	$=$	100
10^1	$=$	10
10^0	$=$	1
10^{-1}	$=$	0.1=1/10
10^{-2}	$=$	0.01=1/100
10^{-3}	$=$	0.001=1/1000

指数計算公式

$$10^m \times 10^n = 10^{m+n} \quad 10^m \div 10^n = 10^{m-n} \quad (10^m)^n = 10^{mn} \quad 10^{-n} = \frac{1}{10^n}$$

▌接頭語による表記▐

接頭語の表記も，指数表記と同様によく用いられる．指定された記号を単位の前につけて使用する．国際単位系では，20 の SI 接頭語 (SI 接頭辞) が定義されている．付録 (145 ページ) を参照のこと．

●問題演習 15●

問題 15–1　科学的表記法を用い，国際単位系で表せ．

(1) 2.32×10^{-3} mg

(2) 2.32×10^4 g

(3) 0.53 mm

(4) 4.2×10^{-5} km

(5) 2 時間 30 分

(6) 350 μ 秒

(7) 500 ml

(8) 10 cc

(9) 18 km/h

(10) 2.5 g/cm^3

(11) 10 cm^2

(12) 980 cm/s^2

問題 15–2　次の計算を行い，科学的表記法で表せ.
(1) $3200 \times 2500 \times 4400$　　　　(2) 0.0053×0.0064
(3) $(5.5 \times 10^{-3}) \times 0.036$　　　(4) $3.14 \times (2.0 \times 10^4)^2$
(5) $(8.3 \times 10^{-3}) \times (6.4 \times 10^8)$　　(6) $(1.32 \times 10^8) \div (4.4 \times 10^{-5})$
(7) $0.82 \times 10^7 + 6.03 \times 10^6$　　(8) $0.82 \times 10^7 - 6.03 \times 10^6$

問題 15–3　空欄に適切な 10 のべきを書き入れよ.

(1)　赤色の光の波長 $0.70 \ \mu\text{m} = 7.0 \times \boxed{} \ \text{m}$

(2)　携帯電話の周波数 $800 \ \text{MHz} = 8.00 \times \boxed{} \ \text{Hz}$

(3)　1 気圧 $1{,}013.25 \ \text{hPa} = 1.01325 \times \boxed{} \ \text{Pa}$

(4)　1 年間 $31{,}536{,}000 \ \text{s} \approx 3.15 \times \boxed{} \ \text{s}$

(5)　福岡-東京間距離 $880.6 \ \text{km} = 8.806 \times \boxed{} \ \text{m}$

問題 15–4　次の物理量を，例を参考にして，指定された単位に，指数を使って書き換えよ.

$\boxed{例}$ $34{,}560{,}000 \ \text{m} = \boxed{3.456 \times 10^7} \ \text{m} = \boxed{3.456 \times 10^4} \ \text{km}$

(1)　$54{,}320 \ \text{kg} = \boxed{} \ \text{kg} = \boxed{} \ \text{g}$

(2)　$0.000135 \ \text{m} = \boxed{} \ \text{m} = \boxed{} \ \mu\text{m}$

(3)　$31{,}536{,}000 \text{s} = \boxed{} \ \text{s} = \boxed{} \ \text{Ms}$

(4)　$0.053 \ \text{km} = \boxed{} \ \text{km} = \boxed{} \ \text{cm}$

(5)　$36{,}920 \ \text{g} = \boxed{} \ \text{g} = \boxed{} \ \text{kg}$

問題 15–5　地球の平均半径は $6.4 \times 10^6 \ \text{m}$, 月の平均半径は $1.7 \times 10^6 \ \text{m}$ である. 次の問いに答えよ.
(1)　地球の赤道の長さを求めよ.
(2)　月の赤道の長さを求めよ.
(3)　地球の表面積を求めよ.
(4)　月の表面積を求めよ.
(5)　地球の体積を求めよ.
(6)　月の体積を求めよ.

◆ 第16章 ◆

測定と誤差，有効数字

▌測定値と誤差▌ 　物理量の**真の値**を，測定によって知ることはできない．測定を複数回行いその算術平均を求めれば，真の値に近い値となるので，算術平均を**最確値**として扱う．測定値と真の値との差を，**誤差**または**絶対誤差**といい，測定値と最確値との差を，**残差**という．また，真の値に対する絶対誤差の割合，または最確値に対する残差の割合を**相対誤差**という．

　測定値やその平均値がどの程度信頼できるのかは，測定値のバラツキ具合で評価する．バラツキ具合を表すものに標準偏差がある．i 回目の測定値を x_i とし，n 回の測定の算術平均を $\overline{x} = \sum_{i=1}^{n} x_i / n$ としたとき，残差を $\varepsilon_i = x_i - \overline{x}$ とすると，分散 (標準偏差 σ の 2 乗) は $\sigma^2 = \sum_{i=1}^{n} (\varepsilon_i)^2 / (n-1)$ と書ける．

▌測定値の表し方▌ 　測定値は，最確値±標準偏差 $(\overline{x} \pm \sigma)$ のように表すと，得られた値の信頼性がわかりやすい．

▌測定値の有効数字▌ 　物理量を測定機器の最小目盛の 1/10 まで目測で読み取るとすると，測定値には最小目盛の 1/10 程度の誤差が含まれる．よって，測定値の最も小さな位の数字には，あいまいさがある．測定値がどの桁まで意味がある数字なのか，測定値を表す数値の桁数を**有効数字**という．

▌位取りの 0▌ 　位取りの 0 は，有効数字として勘定しない．1.0 cm を m に単位変換する場合 0.010 m とするが，1 の位と小数第 1 位の 0 は位取りの 0 なので，有効数字は 2 桁である．有効数字がはっきりわかるように，1.0×10^{-2} m と書くのが望ましい．1.0 m を cm に単位変換する場合は，100 cm とするのではなく，有効数字が変わらないように，1.0×10^2 cm とすべきである．

▌有効数字を考慮した計算▌

① 測定値の加減

　　計算に使う測定値の末位を比べ，末位の最も高いものに合わせて四捨五

入する.

② 測定値の乗除

　計算に使う測定値の有効数字を比べ，有効数字の最も小さなものに合わせて四捨五入する.

③ 円周率や無理数を計算に使うとき

　測定値の有効数字よりも，1 桁多くとって計算する.

④ 途中の計算結果

　途中計算の有効数字は，1 桁多くとっておく.

●● 問題演習 16 ●●

問題 16–1　次の値について，有効数字の桁数を答えよ.
(1) 23.45 　　　　　　　　　　　　(2) 678
(3) 901.234 　　　　　　　　　　 (4) 0.056
(5) 78.90 　　　　　　　　　　　 (6) −0.5669
(7) 0.0053 　　　　　　　　　　　(8) 0.005300

問題 16–2　有効数字を考慮して，次の計算をせよ. (9)〜(14) については，国際単位系で表せ.
(1) $5.23 + 3.3398$ 　　　　　　 (2) $88.01 - 88.9$
(3) 1.23×9 　　　　　　　　(4) 1.23×1.7
(5) 1.23×3.57 　　　　　　 (6) 1.234×9.876
(7) 2.345×1.3 　　　　　　 (8) $78.9 \div 3.8$
(9) $931.54 \text{ kg} - 1.5 \text{ g}$ 　　 (10) $7.8 \text{ kg} + 2.28 \text{ kg}$
(11) $6.8 \text{ km} + 222 \text{ m}$ 　　 (12) $3.66 \text{ s} - 3.055 \text{ s}$
(13) $2.35 \text{ mm} \times 0.95 \text{ mm}$ 　(14) $65 \text{ kg} \times 979.64 \text{ cm/s}^2$

問題 16–3　ある棒の直径を 10 回測定したところ，表のような結果を得た.

(1)　表の空欄を埋めよ.

回数	直径 (mm)	残差 (mm)	(残差)^2 (mm^2)
1	9.980		
2	9.981		
3	9.981		
4	9.982		
5	9.980		
6	9.979		
7	9.981		
8	9.983		
9	9.980		
10	9.981		
平均		(残差)^2 の合計	

(2)　分散を求めよ.

(3)　標準偏差を求めよ. ただし，有効数字を 2 桁とする.

(4)　測定結果を，「最確値 ± 標準偏差」の形で表せ.

問題 16–4　有効数字を考慮して，次の問いに答えよ. ただし，答えは国際単位系で表せ.

(1)　2 つの辺の長さが 0.000252 km と 35.31 cm であるような長方形の面積はいくらか.

(2)　円の直径を測定して 18.2 cm を得た. この円の面積はいくらか.

(3)　直径が 2.45 cm の球の体積はいくらか.

(4)　半径 5.5 m の円形の池がある. この池の円周の長さはいくらか.

(5)　半径 5.500 m の円形の池がある. この池の面積はいくらか.

(6)　体積が 21 cm^3，質量が 12 g の物質の密度はいくらか.

(7)　1 辺の長さが 2.0 cm の立方体である固体の質量が 196 g であったとき，この固体の密度はいくらか.

◆ 第17章 ◆

関数と方程式

▌▌**関数**▌▌　2つの変数 x, y があり，x を入力，y を出力とみなす．これら入力と出力の間に何らかの規則があるとき，$y = f(x)$ のように表す．この対応関係を，y は x の**関数**であるという．関数 $y = ax + b$ は，切片 b，傾き a の直線を表す**1次関数**である．

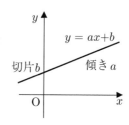

▌▌**2次関数**▌▌　$a \neq 0$ である**2次関数** $y = ax^2 + bx + c$ は**放物線**ともよばれ，そのグラフは a が正のときは下に凸となり，負のときは上に凸となる．この2次関数を以下のように式変形 (平方完成) する．

$$y = ax^2 + bx + c = a\left(x^2 + \frac{b}{a}x\right) + c = a\left(x + \frac{b}{2a}\right)^2 + c - \frac{b^2}{4a}$$

$y = a(x - p)^2 + q$ の形の式を2次関数の**標準形**という．

　これにより，グラフの頂点は $\left(-\dfrac{b}{2a}, c - \dfrac{b^2}{4a}\right)$ であり，またこのグラフは，$y = ax^2$ を x 軸方向に $-\dfrac{b}{2a}$，y 軸方向に $c - \dfrac{b^2}{4a}$ だけ平行移動したものであることがわかる．

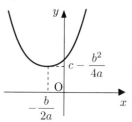

▌▌**2次方程式の解**▌▌　2次方程式 $ax^2 + bx + c = 0$ の解を求めるときは，まず因数分解を試みる．2つの解を x_1, x_2 とすると，解と係数の関係は，

$$a\left(x^2 + \frac{b}{a}x + \frac{c}{a}\right) = a(x - x_1)(x - x_2) = 0 \text{ より}$$

$$x_1 + x_2 = -\frac{b}{a} \qquad x_1 x_2 = \frac{c}{a}$$

と書ける．よって，2つの解の積が $\dfrac{c}{a}$ となる数字の組み合わせを考え，足して $-\dfrac{b}{a}$ とならないかを確かめる．因数分解することが難しい場合は，解の公

式を用いると機械的に 2 つの解が $\dfrac{-b \pm \sqrt{b^2 - 4ac}}{2a}$ のように求まる. 判別式 $D = b^2 - 4ac$ が負となる場合は, 複素数 $\dfrac{-b \pm \sqrt{4ac - b^2}\, i}{2a}$ となる. ここで, i は虚数単位 $\sqrt{-1}$ である.

●問題演習 17 ●

問題 17–1　次の数式を因数分解せよ.

(1) $x^2 + 4x + 4$ 　　　　(2) $x^2 - 9$

(3) $x^2 + 5x - 6$ 　　　　(4) $x^2 - x - 6$

(5) $x^2 - 4x + 3$ 　　　　(6) $25x^2 - 20x + 4$

(7) $4x^2 - 4x - 3$ 　　　　(8) $9x^2 + 21x + 10$

(9) $6x^2 - x - 15$ 　　　　(10) $6x^2 - 5x - 6$

問題 17–2　次の 2 次方程式を解け.

(1) $x^2 + 4x + 3 = 0$ 　　　　(2) $x^2 + 7x - 18 = 0$

(3) $x^2 - 5x - 6 = 0$ 　　　　(4) $x^2 - 6x - 16 = 0$

(5) $6x^2 - 23x - 4 = 0$ 　　　　(6) $4x^2 + 5x + 1 = 0$

(7) $4x^2 - 7x - 15 = 0$ 　　　　(8) $3x^2 + 10x - 8 = 0$

(9) $2x^2 - 7x + 4 = 0$ 　　　　(10) $3x^2 - 5x + 1 = 0$

問題 17–3　関数 $y = 2x + 3$ のグラフを描け.

問題 17–4　関数 $y = \dfrac{1}{2}x$ のグラフを描け.

問題 17–5　関数 $y = \dfrac{4}{x}$ のグラフを描け.

問題 17–6　次の連立方程式を解け.

(1) $\begin{cases} 2x + y = 13 \\ 6x - y = 11 \end{cases}$ 　　　　(2) $\begin{cases} 2x - y = 5 \\ x + y = 7 \end{cases}$

(3) $\begin{cases} 4x - 3y = 18 \\ x + 3y = -3 \end{cases}$ 　　　　(4) $\begin{cases} 3x - 4y = 17 \\ x + 2y = -1 \end{cases}$

(5) $\begin{cases} 4x + 3y = -2 \\ 2x - y = 14 \end{cases}$ 　　　　(6) $\begin{cases} 3x - 4y = -18 \\ 2x + 5y = 11 \end{cases}$

問題 17–7　2 次関数 $2x^2 - 8x + 7$ のグラフを描け.

問題 17–8　次の 2 つの関数について，グラフの交点を求めよ．

(1)　$y = -\dfrac{1}{2}x^2$ と $y = x - \dfrac{3}{2}$

(2)　$y = \dfrac{1}{2}x^2$ と $y = -x + 4$

問題 17–9　次の関数の最大値または最小値を求めよ．

(1)　$y = x(x - 1)$

(2)　$y = -3x^2 + 4x - 1$

◆ 第18章 ◆

三角比と三角関数

▌**弧度法**▌ 円弧の中心角と弧長は比例関係にあるの
で，半径と弧長の比をもって角度とする方法があり，こ
れを**弧度法**という．半径を r，弧長を l とすると，中心
角 θ を，$\theta = \dfrac{l}{r}$ で定義する．半径 1 の単位円を考え，
弧長が 1 となる角度を 1 rad (radian ラジアン) という．$360°$ は，2π rad で
ある．

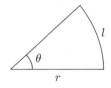

▌**三角比**▌ 直角三角形の 3 辺を斜辺 r，底辺 x，高さ
y とする．これらの 2 辺の比は，三角形の大きさによら
ず，角度 θ のみで決まる．ここで，$0 < \theta < \dfrac{\pi}{2}$ であ
る．直角三角形の 2 辺の比を**三角比**といい次のように定義される．

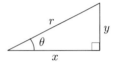

正弦 (sine)	余弦 (cosine)	正接 (tangent)
$\sin\theta = \dfrac{y}{r}$	$\cos\theta = \dfrac{x}{r}$	$\tan\theta = \dfrac{y}{x}$

これの三角比の間には，$\sin^2\theta + \cos^2\theta = 1$，$\tan\theta = \dfrac{\sin\theta}{\cos\theta}$，$1 + \tan^2\theta = \dfrac{1}{\cos^2\theta}$ のような相互関係がある．

▌**三角関数**▌ 三角比の角度 θ
を変数 x に変え，定義域を $-\infty$ か
ら ∞ まで拡張したものを**三角関
数**という．$y = \sin x$，$y = \cos x$，
$y = \tan x$ のように表し，それぞ
れ**正弦関数**，**余弦関数**，**正接関
数**という．$\sin x$ と $\cos x$ は 2π を，$\tan x$ は π を，周期とする周期関数である．
$\tan x$ は $x = \left(n + \dfrac{1}{2}\right)\pi$ に限りなく近づくと，$+\infty$ または $-\infty$ に発散する．

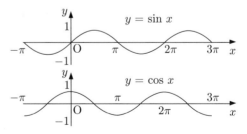

ただし, n は整数である.

▌加法定理▐

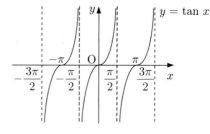

$$\sin(x \pm y) = \sin x \cos y \pm \cos x \sin y$$

$$\cos(x \pm y) = \cos x \cos y \mp \sin x \sin y$$

$$\tan(x \pm y) = \frac{\tan x \pm \tan y}{1 \mp \tan x \tan y}$$

▌三角関数の合成▐　$A \sin x + B \cos x = \sqrt{A^2 + B^2}\, \sin(x + \delta)$　ここで, δ
は $\delta = \tan^{-1}\left(\dfrac{B}{A}\right)$ より決められる.

●問題演習 18 ●

問題 18–1　図のように, 辺の長さがそれぞれ a, b, c の直角
三角形がある. 次の三角比を答えよ.

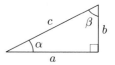

(1) $\sin \alpha$ 　　　　　　　　(2) $\sin \beta$

(3) $\cos \alpha$ 　　　　　　　　(4) $\cos \beta$

(5) $\tan \alpha$ 　　　　　　　　(6) $\tan \beta$

問題 18–2　次の三角方程式を解け. ただし, $-\dfrac{\pi}{2} \leqq x \leqq \dfrac{\pi}{2}$ とする.

(1) $\sin x = 0$ 　　　　　　　(2) $\sin x = \dfrac{1}{2}$

(3) $\sin x = -\dfrac{1}{\sqrt{2}}$ 　　　　　(4) $\sin x = \dfrac{\sqrt{3}}{2}$

(5) $\sin x = -1$ 　　　　　　(6) $\sin x = 1$

問題 18–3　次の三角方程式を解け. ただし, $0 \leqq x \leqq \pi$ とする.

(1) $\cos x = 0$ 　　　　　　　(2) $\cos x = -\dfrac{1}{2}$

(3) $\cos x = \dfrac{1}{\sqrt{2}}$ 　　　　　(4) $\cos x = -\dfrac{\sqrt{3}}{2}$

(5) $\cos x = 1$ 　　　　　　　(6) $\cos x = -1$

問題 18–4　$\tan x = \sqrt{5}$ のとき, $\cos x$ と $\sin x$ を求めよ. ただし, $0 \leqq x \leqq \dfrac{\pi}{2}$ と
する.

問題 18–5　$\sin x = 0.6$ のとき，$\cos x$ と $\tan x$ を求めよ．ただし，$0 \leqq x \leqq \dfrac{\pi}{2}$ とする．

問題 18–6　次の関数を $y = r\sin(x + \theta)$ の形に変形せよ．

(1) $y = \sin x + \cos x$　　　　　　　(2) $y = \sin x + \sqrt{3}\,\cos x$

問題 18–7　次の関数の周期を求めよ．

(1) $y = \sin 2x$　　　　　　　　　　(2) $y = 2\cos \dfrac{2}{3}x$

(3) $y = 2\cos\left(2x - \dfrac{\pi}{2}\right)$　　　　　(4) $y = 3\sin \dfrac{2\pi x}{5}$

◆ 第19章 ◆

指数関数，対数関数

▧ **指数関数** ▧ 　1 ではない正の定数 a を 1 に n 回掛け算したもの $a \times a \times \cdots \times a$ を，a の累乗といい a^n と表す．a を底，n を指数またはべきという．この指数 n を変数とし，実数まで拡張したものである $y = a^x$ を**指数関数**という．

$y = a^x$ のグラフ

(1) $a < 1$ (2) $a > 1$

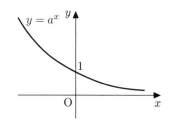 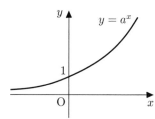

ネイピア数 $e = \lim_{x \to 0}(1 + x)^{1/x} = 2.71\cdots$ を底とする指数関数 e^x は，$\exp(x)$ のように書かれることもある．

▧ **指数法則** ▧

$$a^m \times a^n = a^{m+n} \qquad a^m \div a^n = a^{m-n} \qquad (a^m)^n = a^{mn}$$

$$a^0 = 1 \qquad\qquad a^{-n} = \frac{1}{a^n}$$

▧ **累乗根** ▧ 　$a^{1/n} = \sqrt[n]{a}$ と表す．特に $n = 2$ のとき，$a^{1/2} = \sqrt{a}$ と書く．

▧ **対数関数** ▧ 　指数関数の逆関数を**対数関数**という．指数関数 $y = a^x$ を逆から みると，y は a の何乗であるかという問いの答えが x となる．これを $x = \log_a y$ のように表す．x と y を入れ替えて，$y = \log_a x$ としたものが対数関数である．a を底，x を真数という．

$y = \log_a x$ のグラフ

　　　　(1) $a < 1$　　　　　　　　　　　(2) $1 < a$

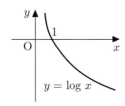　　　　　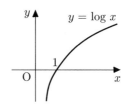

　底が 10 である対数を**常用対数**，底が e である対数を**自然対数**という．自然対数はよく底が省略されて $\log x$ のように書かれたり，$\ln x$ のように書かれたりする．

▌**対数法則**▌

$$\log_a xy = \log_a x + \log_a y \qquad \log_a \frac{x}{y} = \log_a x - \log_a y$$

$$\log_a x^p = p \log_a x \qquad \log_a x = \frac{\log_b x}{\log_b a}$$

$$a^{\log_a x} = x$$

●●問題演習 19 ●●

問題 19–1　次の式を簡単にせよ．

(1) $10^{0.8} \times 10^{3.2}$　　　　　　　　(2) $10^{-\frac{5}{2}} \times 10^{\frac{1}{2}}$

(3) $\left(10^{\frac{2}{3}}\right)^3$　　　　　　　　　　　(4) 10^0

問題 19–2　次の各式を x^p の形で表せ．ただし，$p > 0$ とする．

(1) $\dfrac{\sqrt{x}}{\sqrt[4]{x}}$　　　　　　　　　　(2) $\dfrac{1}{\sqrt[4]{x^3}}$

(3) $\left(x^{-\frac{2}{3}}\right)^{-3}$　　　　　　　　(4) $\sqrt[3]{\sqrt{x}}$

問題 19–3　次の値を求めよ．

(1) $\sqrt[5]{32}$　　　　　　　　　　(2) $\sqrt[3]{4}\,\sqrt[3]{2}$

(3) $\sqrt[4]{\dfrac{9}{4}}\,\sqrt[4]{36}$　　　　　　　(4) $\dfrac{\sqrt[4]{80}}{\sqrt[4]{5}}$

問題 19–4　次の式を簡単にせよ．

(1) $x^{0.3} \times x^{0.5}$

(2) $x^2 \div x^5$

(3) $(\sqrt[3]{x})^6$

(4) $\sqrt[3]{x^6}$

問題 19–5　次の式を簡単にせよ．

(1) $\log_2 8$

(2) $\log_{10} \sqrt{10}$

(3) $\log_2 \sqrt[5]{2}$

(4) $\log_4 1$

問題 19–6　次の式を計算せよ．

(1) $\log_{10} 4 + \log_{10} 25$

(2) $\log_{10} 12 - \log_2 3$

(3) $\log_{10} 40 - \log_{10} 4$

(4) $\log_{10} \dfrac{5}{3} + \log_{10} 6$

問題 19–7　次の等式を満たす x の値を求めよ．

(1) $\log_{10} x = 2$

(2) $\log_{10} = -2$

(3) $\log_x 8 = 3$

(4) $\log_x \sqrt{10} = \dfrac{1}{2}$

問題 19–8　$\log_{10} 3 = a$ のとき，次の各式を a を用いて表せ．

(1) $\log_3 10$

(2) $\log_{\sqrt{10}} 9$

(3) $\log_{100} \sqrt[4]{3}$

◆ 第20章 ◆

微分，積分

■微分係数■　$x = a$ において，関数 $y = f(x)$ の変化率を考える．a から $a + \Delta x$ の区間における関数 $y = f(x)$ の変化量は，$\Delta y = f(a + \Delta x) - f(a)$ と書けるので，よって平均変化率は $\dfrac{\Delta y}{\Delta x} = \dfrac{f(a + \Delta x) - f(a)}{\Delta x}$ と書ける．Δx を限りなく 0 に近づけて求められる変化率を微分係数といい，$f'(a)$ のように表す．接線は，$y = f'(a)(x - a) + f(a)$ のように表される．

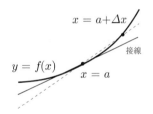

■微分■　関数 $y = f(x)$ の**導関数** $y' = f'(x)$ を次のように定義する．

$$y' = f'(x) = \lim_{\Delta x \to 0} \frac{\Delta y}{\Delta x}$$
$$= \lim_{\Delta x \to 0} \frac{f(x + \Delta x) - f(x)}{\Delta x}$$

導関数を求めることを**微分する**という．導関数を表す記号は，他に $\dfrac{dy}{dx}$，$\dfrac{d}{dx} f(x)$ などがある．時間で微分するときは，$\dfrac{dx}{dt} = \dot{x}$，$\dfrac{d^2 x}{dt^2} = \ddot{x}$ のように，ドットで導関数を表現することがある．$\dfrac{dy}{dx}$ は，「ディーワイディーエックス」と読む．分数のように「ディーエックス分のディーワイ」とは読まない．関数 $y = f(x)$ を二度微分すると，第 2 次導関数 $y'' = f''(x) = \dfrac{dy'}{dx} = \dfrac{d^2 y}{dx^2} = \dfrac{d^2}{dx^2} f(x)$ が求められる．

■代表的な関数の導関数■

$$\frac{d}{dx}(x^n) = nx^{n-1} \qquad \frac{d}{dx}(\sin x) = \cos x \qquad \frac{d}{dx}(\cos x) = -\sin x$$
$$\frac{d}{dx}(e^x) = e^x \qquad \frac{d}{dx}(\log x) = \frac{1}{x}$$

▍微分公式▍

積の微分 $\quad \dfrac{d}{dx}(f \cdot g) = \dfrac{df}{dx} \cdot g + f \cdot \dfrac{dg}{dx}$

商の微分 $\quad \dfrac{d}{dx}\left(\dfrac{f}{g}\right) = \dfrac{df}{dx} \cdot \dfrac{1}{g} - \dfrac{f}{g^2} \cdot \dfrac{dg}{dx}$

合成関数の微分 $\quad \dfrac{dy(x(t))}{dt} = \dfrac{dy}{dx} \cdot \dfrac{dx}{dt}$

▍不定積分▍ ある関数 $F(x)$ の導関数が関数 $f(x)$ と等しくなる場合，つまり

$$\frac{d}{dx}F(x) = f(x)$$

という関係があるとき，$F(x)$ を $f(x)$ の**原始関数** (**不定積分**) という．原始関数に任意の定数 C を加えた関数も原始関数となり不定性がある．関数 $f(x)$ から原始関数 $F(x) + C$ を求めることを**積分する**といい，$\displaystyle\int f(x)\,dx$ のように表す．C を積分定数という．

▍代表的な関数の不定積分▍ (C は積分定数)

$$\int x^n dx = \frac{x^{n+1}}{n+1} + C \ (n \neq -1) \qquad \int \frac{1}{x}dx = \log|x| + C$$

$$\int \sin x\,dx = -\cos x + C \qquad \int \cos x\,dx = \sin x + C$$

$$\int e^x dx = e^x + C$$

▍積分公式▍

置換積分 $\quad x = g(t)$ のとき $\displaystyle\int f(x)\,dx = \int f(g(t))g'(t)\,dt$

部分積分 $\quad \displaystyle\int f(x)g'(x)\,dx = f(x)g(x) - \int f'(x)g(x)\,dx$

▍定積分▍ 関数 $f(x)$ の原始関数を $F(x)$ とするとき，a, b を定数として，$F(b) - F(a)$ を a から b までの**定積分**という．これを，$\displaystyle\int_a^b f(x)\,dx = \Big[F(x)\Big]_a^b = F(b) - F(a)$ のように表す.

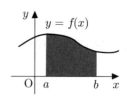

曲線 $f(x)$, x 軸, $x = a$, $x = b$ によって囲まれる領域の面積 S は,

$$S = \int_a^b f(x)\,dx = F(b) - F(a)$$

のように求められる.

●問題演習 20●

問題 20–1　位置が $x(t) = t^4$ で与えられているとき，次の問いに答えよ.
(1) べき関数 t^n と比較すると，n に対応する数はいくらか.
(2) t^{n-1} はどのように書けるか.
(3) 位置 $x(t)$ を微分することによって速度 $v(t)$ を求めよ.

問題 20–2　加速度が $a(t) = t^4$ で与えられているとき，次の問いに答えよ.
(1) べき関数 t^n と比較すると，n に対応する数はいくらか.
(2) $\dfrac{1}{n+1}$ はいくらか.
(3) t^{n+1} はどのように書けるか.
(4) 加速度 $a(t)$ を積分することによって速度 $v(t)$ を求めよ. ただし，積分定数は C とすること.

問題 20–3　次の関数 $f(x)$ の導関数 $f'(x)$ を定義に従って求めよ. また，$x = 2$ における微分係数を求めよ.
(1) $f(x) = x^2 + 3x - 2$　　　　　(2) $f(x) = 3x^4 - 5x^3 + 2$

問題 20–4　次の不定積分を求めよ.
(1) $\displaystyle \int 3\,dx$　　　　　　　　　(2) $\displaystyle \int x^3\,dx$

(3) $\displaystyle \int x^4\,dx$　　　　　　　　(4) $\displaystyle \int (2x^2 + 3x - 5)\,dx$

問題 20–5　次の関数 $f(x)$ の導関数 $f'(x)$ と $x = 1$ における微分係数 $f'(1)$ を求めよ.
(1) $f(x) = 5x^3 - 2x^2 + 3x + 1 + x^{-2}$　(2) $f(x) = \dfrac{1}{3}x^3 + 4x^2 + 6x - 3$

問題 20–6　次の定積分を求めよ.
(1) $\displaystyle \int_1^3 3x\,dx$　　　　　　　　(2) $\displaystyle \int_1^3 (3x^2 + 2x + 5)\,dx$

(3) $\displaystyle \int_{-2}^2 \left(3x^2 - 5x + \frac{1}{3}\right)dx$　(4) $\displaystyle \int_{-1}^2 (5x^4 + 8x^3 + 6x^2 - 7x + 1)\,dx$

問題 20–7　次の関数 $f(x)$ を微分せよ．

(1) $f(x) = (5x + 2)^4$

(2) $f(x) = 3\cos 2x$

(3) $f(x) = 5\sin 4x$

(4) $f(x) = \log 4x$

(5) $f(x) = e^{3x}$

(6) $f(x) = 2x\sin x$

問題 20–8　次の関数 $f(x)$ の導関数 $f'(x)$ と $x = 2$ における微分係数 $f'(2)$ を求めよ．

(1) $f(x) = 3^x$

(2) $f(x) = e^x$

(3) $f(x) = \log_{10} x$

(4) $f(x) = \log_e x$

(5) $f(x) = 5e^{2x}$

(6) $f(x) = 4\log_e x^2$

問題 20–9　次の関数 $f(x)$ の導関数 $f'(x)$ と $x = \dfrac{\pi}{3}$ における微分係数 $f'\left(\dfrac{\pi}{3}\right)$ を求めよ．

(1) $f(x) = 2\sin x - \cos x$

(2) $f(x) = 3\sin x + 5\cos x$

問題 20–10　次の不定積分を求めよ．

(1) $\displaystyle \int (2\sin x - 3\cos x)\,dx$

(2) $\displaystyle \int (-3\sin x + 5\cos x)\,dx$

(3) $\displaystyle \int 3e^x\,dx$

(4) $\displaystyle \int 3^x\,dx$

問題 20–11　次の定積分を求めよ．

(1) $\displaystyle \int_0^{\frac{\pi}{2}} (\sin x - 2\cos x)\,dx$

(2) $\displaystyle \int_0^{\pi} (2\sin x + \cos x)\,dx$

(3) $\displaystyle \int_1^2 3e^x\,dx$

(4) $\displaystyle \int_1^2 \frac{2}{x}\,dx$

◆ 第21章 ◆

微分方程式

▌微分方程式▐　未知関数の導関数を含んだ等式を，**微分方程式**という．たとえば，力学で扱う運動方程式は，位置座標 $x(t)$ の第 2 次導関数 $\dfrac{d^2x}{dt^2}$（加速度）を含む方程式であるので，2 階の微分方程式である．

$$\text{運動方程式}\quad m\frac{d^2x}{dt^2} = F \ \text{または} \ m\frac{dv}{dt} = F$$

▌微分方程式の解法▐　微分方程式を次式のように，変数 t と x の関数の積の形に変形できるとき，**変数分離型**であるという．

$$\frac{dx}{dt} = T(t)X(x)$$

これを $\dfrac{dx}{X(x)} = T(t)\,dt$ の形にしてから，積分する．

$$\int \frac{1}{X(x)}dx = \int T(t)\,dt + C \quad (C \text{ は任意定数})$$

変数分離型以外の微分方程式は，その特徴を手がかりに解くが，全てが解けるわけではない．解けない場合は，コンピュータを用いて数値的に解を調べる．これを**数値解析**という．

▌線形定数係数 2 階微分方程式▐　定数係数の 2 階線形微分方程式，

$$\frac{d^2x}{dt^2} + 2a\frac{dx}{dt} + bx = 0$$

がある．この微分方程式の一般解は**特性方程式**をつくり求める．$x(t) = e^{\lambda t}$ とおいて微分方程式に代入して，特性方程式 $\lambda^2 + 2a\lambda + b = 0$ をつくり，$\lambda = -a \pm \sqrt{a^2 - b}$ のように決める．この $\lambda_1 = -a + \sqrt{a^2 - b}$ と $\lambda_2 = -a - \sqrt{a^2 - b}$ を用いて，2 つの**基本解**は，次の $x_1(t) = e^{\lambda_1 t}$ と $x_2(t) = e^{\lambda_2 t}$ となることがわかる．この基本解の定数倍は微分方程式を満たし，またこの基本解の和も微分方程式を満たす．よって，微分方程式の**一般解**は，

$$x(t) = C_1 x_1 + C_2 x_2 = C_1 e^{\lambda_1 t} + C_2 e^{\lambda_2 t}$$

と書ける. $a^2 - b < 0$ のとき, $\omega = \sqrt{b - a^2}$ として,

$$x(t) = e^{-at}(A \sin \omega t + B \cos \omega t)$$

のように書ける. C_1, C_2, A, B は, 任意の定数である.

▎**一般解と特殊解**▎　n 階の微分方程式の解の内, n 個の任意定数を含むもの
を一般解という. また, 一般解に含まれる任意定数に特定の値を代入して得ら
れる解を, 特殊解または特解という.

●問題演習 21●

問題 21–1　次の微分方程式の一般解を求めよ. また, その一般解から, 括弧内の条件
を満たす特殊解を求めよ.

(1) $\dfrac{dx}{dt} = 0$ 　　($t = 0$ のとき, $x = x_0$)

(2) $\dfrac{d^2x}{dt^2} = 0$ 　　$\left(t = 0 \text{ のとき}, x = x_0, \ \dfrac{dx}{dt} = v_0 \right)$

問題 21–2　次の微分方程式を解け.

(1) $\dfrac{dx}{dt} = 3$ 　　　　　　　(2) $\dfrac{dx}{dt} = 4t$

(3) $\dfrac{d^2x}{dt^2} = 2$ 　　　　　　(4) $\dfrac{d^2x}{dt^2} = 3t$

問題 21–3　次の微分方程式について, 括弧内の条件を満たす特殊解を求めよ.

(1) $\dfrac{d^2x}{dt^2} = -5$ 　$\left(t = 0 \text{ のとき}, x = 3, \ \dfrac{dx}{dt} = 2 \right)$

(2) $\dfrac{d^2x}{dt^2} = 2t$ 　$\left(t = 0 \text{ のとき}, x = 4, \ \dfrac{dx}{dt} = 3 \right)$

問題 21–4　微分方程式 $\dfrac{dx}{dt} = \dfrac{x+1}{t+1}$ を解け.

問題 21–5　微分方程式 $\dfrac{dx}{dt} = 2xt$ を解け.

問題 21–6　微分方程式 $\dfrac{d^2x}{dt^2} - \dfrac{dx}{dt} - 6x = 0$ を解け.

問題 21–7　微分方程式 $\dfrac{d^2x}{dt^2} - 2\dfrac{dx}{dt} + 2x = 0$ を解け.

◆ 第22章 ◆

偏微分と偏微分方程式

▐偏微分▐　2変数関数 $z = f(x, y)$ の変化率を考える．この関数は，2つの変数 x, y を入力し，出力 z が得られる関数である．一方の変数を固定し，もう一方の変数を変化させるときの変化率の極限を**偏導関数**という．変数 y を固定し，変数 x を変化させるとき，偏導関数は，

$$z_x = \frac{\partial x}{\partial x} = \lim_{\Delta x \to 0} \frac{f(x + \Delta x, y) - f(x, y)}{\Delta x}$$

のように定義される．偏導関数を求めることを，**偏微分する**という．変数 x を固定して定数とみなし，変数 y を変化させるときの偏導関数は，

$$z_y = \frac{\partial z}{\partial y} = \lim_{\Delta y \to 0} \frac{f(x, y + \Delta y) - f(x, y)}{\Delta y}$$

となる．偏微分記号 ∂ は「デル」や「ラウンドディー」などと読む．

▐偏微分方程式▐　未知関数の偏導関数を含む等式を**偏微分方程式**という．物理の世界に現れる代表的な偏微分方程式は，波動方程式 (双曲型偏微分方程式)，ラプラス方程式 (楕円型偏微分方程式)，熱伝導方程式 (放物型方程式) などがある．

　たとえば，x 軸上を速さ c で伝わる波があり，時刻 t，位置 x における変位が $y = u(x, t)$ のように表されるとする．この波を支配する方程式が**波動方程式** $\dfrac{\partial^2 u}{\partial t^2} = c^2 \dfrac{\partial^2 u}{\partial x^2}$ である．この波動方程式の一般解は，任意の関数 f と g を用いて，$u(x, t) = f(x - ct) + g(x + ct)$ のように書け，右辺第1項は正の方向に，第2項は負の方向に伝わる波を表している．

●● 問題演習 22 ●●

問題 22–1 次の 2 変数関数の偏導関数 $f_x = \dfrac{\partial f}{\partial x}$, $f_y = \dfrac{\partial f}{\partial y}$ を求めよ.

(1) $f(x, y) = 4x^2 + 2xy + y^2$ 　　　 (2) $f(x, y) = 6x^2 e^y + 7xy - 5 \sin y$

(3) $f(x, y) = 4 \sin(2x - y)$ 　　　 (4) $f(x, y) = x^2 + y^2$

問題 22–2 $f(x, y) = (x^2 + y^2)^{-\frac{1}{2}}$ の偏導関数 f_{xx}, f_{yy} を求めよ. ただし, $x^2 + y^2 \neq 0$ とする.

問題 22–3 $f(x)$ と $g(x)$ を任意の関数として, $u(x, t) = f(x + ct) + g(x - ct)$ は, 波動関数 $\dfrac{\partial^2 u}{\partial t^2} = c^2 \dfrac{\partial^2 u}{\partial x^2}$ を満たすことを示せ. ただし, c を定数とする.

問題 22–4 原点に質量 M の質点がある. 位置 (x, y, z) における質量 m の質点にはたらく万有引力による位置エネルギーは, 無限遠を基準として $U(x, y, z) = -\dfrac{GMm}{\sqrt{x^2 + y^2 + z^2}}$ と表される. 次の問いに答えよ.

(1) $-\dfrac{\partial U(x, y, z)}{\partial x}$ を計算し, 万有引力の x 成分と等しいことを確認せよ.

(2) $-\dfrac{\partial U(x, y, z)}{\partial y}$ を計算し, 万有引力の y 成分と等しいことを確認せよ.

(3) $-\dfrac{\partial U(x, y, z)}{\partial z}$ を計算し, 万有引力の z 成分と等しいことを確認せよ.

◆ 第23章 ◆

ベクトル

▌スカラーとベクトル▌　長さ，時間，質量，エネルギーなどのように，大きさだけをもつ物理量を**スカラー**という．スカラーは，t, m のように表す.

　力，速度，加速度，運動量などのように，大きさと向きをもつ物理量を**ベクトル**という．ベクトルは，$\vec{F}$ や $\boldsymbol{F}$，$\vec{v}$ や $\boldsymbol{v}$ のように表す.

▌ベクトルの表し方▌

① 矢印 (有向線分) で表す場合

　ベクトルは矢印を用い，矢印の長さによってベクトルの大きさを，矢印の向きによってベクトルの向きを表す.

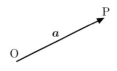

② 数字の組 (成分) で表す場合

　平面内で考える．矢印を対角線とする x 軸，y 軸に沿った長方形を描く．長方形の対角線と 2 つの辺の長さの比から，x 軸，y 軸に沿うベクトルの大きさが決まる．x 軸，y 軸の向きと比べて符号をつけると，ベクトルの成分が求まる．ベクトル $\boldsymbol{a}$ の成分 a_x, a_y を一組にして，$\boldsymbol{a} = (a_x, a_y)$ のように表す.

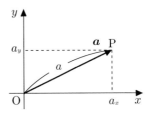

▌ベクトルの大きさ▌　ベクトル $\boldsymbol{a} = (a_x, a_y)$ の大きさは，三平方の定理より，$a = |\boldsymbol{a}| = \sqrt{a_x{}^2 + a_y{}^2}$ となる.

▌逆ベクトル，ゼロベクトル，ベクトルのスカラー倍▌　ベクトルと逆向きで，等しい大きさのベクトルを**逆ベクトル**といい，$-\boldsymbol{a} = (-a_x, -a_y)$ のように表す.

　ベクトルの成分が全て 0，つまり大きさ 0 のベクトルを**ゼロベクトル**といい，$\boldsymbol{0} = (0, 0)$ のように表す.

ベクトル $\boldsymbol{a} = (a_x, a_y)$ を k 倍すると，$k\boldsymbol{a} = (ka_x, ka_y)$ となる．

単位ベクトル　　長さが 1 のベクトルを**単位ベクトル**という．$\boldsymbol{a} = (a_x, a_y)$ の単位ベクトルを $\boldsymbol{n}$ とすると，次式で表される．

$$n = \frac{\boldsymbol{a}}{|\boldsymbol{a}|} = \left(\frac{a_x}{\sqrt{a_x{}^2 + a_y{}^2}}, \frac{a_y}{\sqrt{a_x{}^2 + a_y{}^2}} \right)$$

直交座標系の x 軸，y 軸，z 軸方向の単位ベクトルは次のように定義される．

$$2 \text{次元}\quad \boldsymbol{i} = (1,0), \quad \boldsymbol{j} = (0,1)$$
$$3 \text{次元}\quad \boldsymbol{i} = (1,0,0), \quad \boldsymbol{j} = (0,1,0), \quad \boldsymbol{k} = (0,0,1)$$

単位ベクトル $\boldsymbol{i} = (1,0)$ と $\boldsymbol{j} = (0,1)$ を用いれば，$\boldsymbol{a} = (a_x, a_y) = a_x\boldsymbol{i} + a_y\boldsymbol{j}$ のように表せる．

ベクトルの和・差　　2 つのベクトル $\boldsymbol{a} = (a_x, a_y)$，$\boldsymbol{b} = (b_x, b_y)$ の和は，平行四辺形の法則より求められる．また，ベクトルの成分を使う場合は，成分ごとに和や差をとればよい．

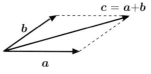

$$\text{和}\quad \boldsymbol{c} = \boldsymbol{a} + \boldsymbol{b} = (a_x + b_x, a_y + b_y)$$
$$\text{差}\quad \boldsymbol{c} = \boldsymbol{a} - \boldsymbol{b} = (a_x - b_x, a_y - b_y)$$

ベクトルの内積 (スカラー積)　　ベクトル $\boldsymbol{a} = (a_x, a_y)$，$\boldsymbol{b} = (b_x, b_y)$ のなす角が θ のとき，次のように内積を定義する．

$$\boldsymbol{a} \cdot \boldsymbol{b} = ab\cos\theta = a_x b_x + a_y b_y$$

ただし，$a = |\boldsymbol{a}|$，$b = |\boldsymbol{b}|$ である．定義より，互いに垂直なベクトルの内積は 0 となる．ベクトルの内積はスカラーである．

ベクトルの外積 (ベクトル積)　　ベクトル $\boldsymbol{a} = (a_x, a_y, a_z)$，$\boldsymbol{b} = (b_x, b_y, b_z)$ のなす角が θ のとき，次のように外積の大きさを定義する．

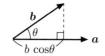

$$|\boldsymbol{a} \times \boldsymbol{b}| = ab\sin\theta$$

また，外積の向きは $\boldsymbol{a}$ から $\boldsymbol{b}$ に回転したときに右ネジが進む方向である．

定義より，互いに平行なベクトルの外積は $\boldsymbol{0}$ となる．外積を成分で表すと

$$\boldsymbol{c} = \boldsymbol{a} \times \boldsymbol{b} = (a_y b_z - a_z b_y, a_z b_x - a_x b_z, a_x b_y - a_y b_x)$$

のようになる．

●問題演習 23 ●

問題 23-1 図のようなベクトル a, b がある.

(1) $2a + b$ を図示せよ.

(2) $a + 3b$ を図示せよ.

(3) $2a - b$ を図示せよ.

(4) $-a + 2b$ を図示せよ.

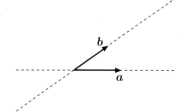

問題 23-2 次のベクトル a を図の破線方向に分解せよ.

(1)

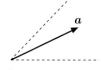

(2)

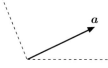

(3)

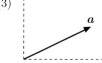

(4)

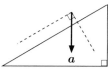

問題 23-3 次のベクトル a, b を成分表示で表せ. ただし, 1 目盛の長さを 1 とする.

(1)

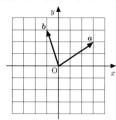

(2)

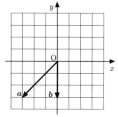

問題 23-4 次のベクトルの大きさと単位ベクトルを求めよ.

(1) $a = (2, -2)$

(2) $a = (3, -4)$

(3) $a = (-12, 5)$

問題 23-5 ベクトル $a = (1, 3)$, $b = (1, -2)$ がある.

(1) $a + 2b$ を成分表示で求めよ.

(2) $2a - b$ を成分表示で求めよ.

(3) $-2a - 3b$ を成分表示で求めよ.

問題 23–6　次のベクトルの大きさ $a = |\boldsymbol{a}|$, $b = |\boldsymbol{b}|$, 内積 $\boldsymbol{a} \cdot \boldsymbol{b}$, ベクトル $\boldsymbol{a}$ と $\boldsymbol{b}$ のなす角度 θ を求めよ. ただし, 角度は $0 \leqq \theta \leqq \pi$ とする.

(1) $\boldsymbol{a} = (1, 3)$, $\boldsymbol{b} = (1, -2)$　　　　(2) $\boldsymbol{a} = (1, 2)$, $\boldsymbol{b} = (2, 4)$

(3) $\boldsymbol{a} = (-2, 1)$, $\boldsymbol{b} = (1, 2)$

問題 23–7　次のベクトルの内積 $\boldsymbol{a} \cdot \boldsymbol{b}$ と外積 $\boldsymbol{a} \times \boldsymbol{b}$ を求めよ.

(1) $\boldsymbol{a} = (1, 0, 3)$, $\boldsymbol{b} = (1, -2, 0)$　　　(2) $\boldsymbol{a} = (1, 0, 0)$, $\boldsymbol{b} = (0, 2, 0)$

(3) $\boldsymbol{a} = (0, 2, 2)$, $\boldsymbol{b} = (0, -3, 3)$

◆ 第24章 ◆

数学公式

前節までで触れなかった数学公式を紹介する.

(1) **乗法公式**

分配公式　$(a + b)c = ab + ac$

交換公式　$ab = ba$

展開公式・因数分解の公式

$$(x + a)(x + b) = x^2 + (a + b)x + ab$$
$$(a \pm b)^2 = a^2 \pm 2ab + b^2$$
$$(a + b)(a - b) = a^2 - b^2$$
$$(a \pm b)^3 = a^3 \pm 3a^2b + 3ab^2 \pm b^3$$
$$a^3 \pm b^3 = (a \pm b)(a^2 \mp ab + b^2)$$

(2) **三角形の面積**

$$S = \frac{1}{2}ah = \frac{1}{2}ab\sin\theta$$

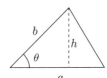

(3) **平行四辺形の面積**

$$S = ah = ab\sin\theta$$

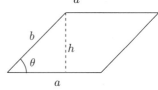

(4) **台形の面積**

$$S = \frac{(a + b)h}{2}$$

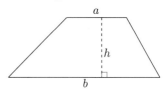

(5) **円周と円の面積**

円周　$l = 2\pi r$
面積　$S = \pi r^2$

(6) **球の表面積と体積**

$$\text{表面積} \quad S = 4\pi r^2$$

$$\text{体積} \quad V = \frac{4}{3}\pi r^3$$

(7) **正弦定理**

$$\frac{a}{\sin A} = \frac{b}{\sin B} = \frac{c}{\sin C} = 2R$$

ここで，R は外接円の半径である．

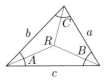

(8) **余弦定理**

$$a^2 = b^2 + c^2 - 2bc\cos\theta$$

(9) **テイラー展開**

$x = a$ のまわりのテイラー展開．$|x - a| \ll 1$ のとき，

$$f(x) = f(a) + f'(a)(x - a) + \frac{f''(a)}{2!}(x - a)^2 + \frac{f'''(a)}{3!}(x - a)^3$$

$$+ \cdots + \frac{f^{(n)}(a)}{n!}(x - a)^n + \cdots$$

ただし，$n! = n(n - 1) \cdots 2 \cdot 1$ である．

(10) **マクローリン展開**

$x = 0$ のまわりのマクローリン展開．$|x| \ll 1$ のとき，

$$f(x) = f(0) + f'(0)x + \frac{f''(0)}{2!}x^2 + \frac{f'''(0)}{3!}x^3 + \cdots + \frac{f^{(n)}(0)}{n!}x^n + \cdots$$

例

- $(1 + x)^m \cong 1 + mx + \dfrac{m(m - 1)}{2}x^2 + \dfrac{m(m - 1)(m - 2)}{3!}x^3 + \cdots$

- $\sin x \cong x - \dfrac{1}{3!}x^3 + \dfrac{1}{5!}x^5 - \cdots$

- $\cos x \cong 1 - \dfrac{1}{2}x^2 + \dfrac{1}{4!}x^4 - \cdots$

- $e^x \cong 1 + x + \dfrac{1}{2}x^2 + \dfrac{1}{3!}x^3 + \dfrac{1}{4!}x^4 + \cdots$

- $\log(1 + x) \cong x - \dfrac{1}{2}x^2 + \dfrac{1}{3}x^3 - \dfrac{1}{4}x^4 + \cdots$

(11) **座標**

① 2 次元 直交座標系 (デカルト座標系) ⇔ 極座標系

$$x = r\cos\theta \qquad\qquad r = \sqrt{x^2 + y^2}$$
$$y = r\sin\theta \qquad \Leftrightarrow \qquad \theta = \tan^{-1}\left(\frac{y}{x}\right)$$

② 3 次元 直交座標系 ⇔ 極座標系

$$r = \sqrt{x^2 + y^2 + z^2}$$
$$x = r\sin\theta\cos\phi$$
$$y = r\sin\theta\sin\phi \qquad \phi = \tan^{-1}\left(\frac{y}{x}\right)$$
$$z = r\cos\theta \qquad\qquad \Leftrightarrow$$
$$\theta = \tan^{-1}\left(\frac{\sqrt{x^2 + y^2}}{z}\right)$$

③ 3 次元 直交座標系 ⇔ 円柱座標系

$$x = r\cos\phi \qquad\qquad r = \sqrt{x^2 + y^2}$$
$$y = r\sin\phi \qquad \Leftrightarrow \qquad \phi = \tan^{-1}\left(\frac{y}{x}\right)$$
$$z = z \qquad\qquad\qquad z = z$$

(12) **オイラーの公式**

$$e^{ix} = \cos x + i\sin x$$

解答

問題 1–1 平行四辺形の法則を使って，合力を求める．
(1)   (2) 平行四辺形の法則を二度使う．

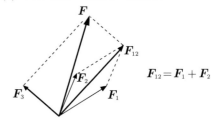

$$F_{12} = F_1 + F_2$$

問題 1–2 $F = \sqrt{F_x{}^2 + F_y{}^2} = \sqrt{8.0^2 + 6.0^2} = 10\ \mathrm{N}.$

問題 1–3 $F_x = F\cos\theta = 10\cos 30° \cong 8.7\ \mathrm{N},\ F_y = F\sin\theta = 10\sin 30° = 5.0\ \mathrm{N}.$

問題 1–4

(1) 右を正の向きとすると，$2.0 + (-3.0) = -1.0\ \mathrm{N}$ となり，合力は左向きに $1.0\ \mathrm{N}$ となる．よって，$1.0\ \mathrm{N}.$

(2) 正三角形 2 つからなるひし形だから，$1 : 2 : \sqrt{3}$ の辺の比より，$2 \times \sqrt{3} \cong 3.5\ \mathrm{N}.$

(3) (2) と同様に，ひし形となるので，$2.0\ \mathrm{N}.$

(4) 3 つの力の合成は，2 力の合成を二度繰り返す．まず，右向き $2.0\ \mathrm{N}$ と左向き $4.0\ \mathrm{N}$ の合力は，左向き $2.0\ \mathrm{N}.$ 次に，左向き $2.0\ \mathrm{N}$ と上向き $2.0\ \mathrm{N}$ の合成をすると，合力の大きさは $2.0 \times \sqrt{2} \cong 2.8\ \mathrm{N}$ となる．

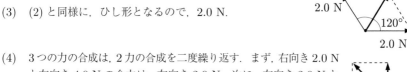

(5) $20\ \mathrm{N}$ の力を右方向と上方向に分けると，$20\cos 60° = 10\ \mathrm{N}$ と $20\sin 60° = 10\sqrt{3}\ \mathrm{N}$ となる．よって，合力の右向き成分は，$40 + 10 = 50\ \mathrm{N}$ となる．合力の大きさは，$F = \sqrt{50^2 + (10\sqrt{3})^2} = 52.9 \cong 53\ \mathrm{N}$ と求まる．

問題 1−5

(1)　$\boldsymbol{F} = \boldsymbol{F}_1 + \boldsymbol{F}_2 = (5.0\ \text{N}, 7.0\ \text{N}) + (3.0\ \text{N}, -2.0\ \text{N}) = (8.0\ \text{N}, 5.0\ \text{N})$

(2)　$F = \sqrt{F_x{}^2 + F_y{}^2} = \sqrt{8.0^2 + 5.0^2} = \sqrt{89} \cong 9.4\ \text{N}$

(3)　$\theta = \tan^{-1}\left(\dfrac{F_y}{F_x}\right) = \tan^{-1}\left(\dfrac{5.0}{8.0}\right) \cong 32°$

問題 1−6　　(1) (2) 右図

$\boldsymbol{F} = \boldsymbol{F}_1 + \boldsymbol{F}_2 + \boldsymbol{F}_3$

$= (2.0\ \text{N}, 1.0\ \text{N}) + (0\ \text{N}, 1.0\ \text{N}) + (-1.0\ \text{N}, -3.0\ \text{N})$

$= (1.0\ \text{N}, -1.0\ \text{N})$

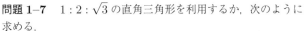

(3) $F = \sqrt{F_x{}^2 + F_y{}^2} = \sqrt{1.0^2 + (-1.0)^2} = \sqrt{2.0}$

$\cong 1.4\ \text{N},$

$\theta = \tan^{-1}\left(\dfrac{F_y}{F_x}\right) = \tan^{-1}\left(\dfrac{-1.0}{1.0}\right) \cong 315°\ \text{or}\ -45°$

問題 1−7　　$1 : 2 : \sqrt{3}$ の直角三角形を利用するか，次のように求める．

$$F_x = F\cos\theta = 10\cos 120° = -5.0\ \text{N}$$
$$F_y = F\sin\theta = 10\sin 120° \cong 8.7\ \text{N}$$

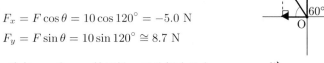

問題 1−8　　重力 mg を x,y 軸に沿って分解すると，$mg\cos\theta$ と $mg\sin\theta$ となる．x,y 軸の向きに注意すれば，x 成分，y 成分は，それぞれ $-mg\sin\theta$, $-mg\cos\theta$ である．

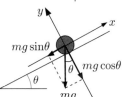

問題 2−1

(1)　$W = mg = 5.0 \times 9.8 = 49\ \text{N}.$

(2)　垂直抗力を N とする．本は静止したままなので，力のつり合いが成立している．垂直抗力と重力とのつり合いは，$N - 0.75 \times 9.8 = 0.$ $N = 7.35 \cong 7.4\ \text{N}.$

(3)　おもりは静止したままなので，糸の張力と重力はつり合っている．$T - 0.20 \times 9.8 = 0.$ $T = 1.96\ \text{N} \cong 2.0\ \text{N}.$

(4)　力のつり合いより，$kx - mg = 0$ に代入して，$k \times 0.10 - 1.0 \times 9.8 = 0.$ $k = 98\ \text{N/m}.$

(5)　$F = \rho V g = 1.3 \times (1.0 \times 10^2) \times 9.8 = 1.274 \times 10^3 \cong 1.3 \times 10^3\ \text{N}.$

(6)　面積は，$S = 0.10^2 = 1.0 \times 10^{-2}\ \text{m}^2.$ 力は，$F = PS = (1.0 \times 10^5) \times (1.0 \times 10^{-2}) = 1.0 \times 10^3\ \text{N}.$

問題 2–2　ばねの伸びを x とする．力のつり合いの式は，$5.0 - 20x = 0$．$x = \dfrac{5.0}{20} = 0.25$ m．ばね全体の長さは，$0.50 + 0.25 = 0.75$ m

問題 2–3　動摩擦力を，$-\mu' N$ とする．運動方程式は，$ma = 30 - \mu' N$．床に垂直方向の力のつり合いは，$N - mg = 0$．N を消去して加速度を求めると，

$$a = \frac{30 - \mu' mg}{m} = \frac{30 - 0.20 \times (5.0 \times 9.8)}{5.0} = 4.04 \cong 4.0 \text{ m/s}^2$$

問題 2–4　$F = \dfrac{Gm_1 m_2}{r^2} = \dfrac{(6.7 \times 10^{-11}) \times (6.0 \times 10^{24}) \times (2.0 \times 10^{30})}{(1.5 \times 10^{11})^2}$
$= 3.57 \cdots \times 10^{22} \cong 3.6 \times 10^{22}$ N

問題 2–5　右向きを正とする．最大摩擦力を，$-\mu N$ とする．水平方向の力のつり合いは，$F \cos 30° - \mu N = 0$．上向きを正とすると，鉛直方向の力のつり合いは，$N + F \sin 30° - mg = 0$．N を消去して，F を求めると，

$$F = \frac{\mu mg}{\cos 30° + \mu \sin 30°} = \frac{2\mu mg}{\sqrt{3} + \mu}$$

問題 2–6　$F = \dfrac{GMm}{R^2} = \dfrac{(6.7 \times 10^{-11}) \times (6.0 \times 10^{24}) \times 1.0}{(6.4 \times 10^6)^2} = 9.814 \cong 9.8$ N

問題 2–7　糸 1，糸 2 にはたらく張力の大きさを T_1, T_2 とする．右向き，上向きを正とする．

(1)　力のつり合いは，$\begin{cases} T_1 \cos 45° - 2.0 = 0 \\ T_2 - T_1 \sin 45° = 0 \end{cases}$．$T_1 = 2.0\sqrt{2} \cong 2.8$ N, $T_2 = 2.0$ N

(2)　力のつり合いは，$\begin{cases} T_1 \cos 60° + T_2 \cos 60° - 2.0 = 0 \\ T_2 \sin 60° - T_1 \sin 60° = 0 \end{cases}$．$T_1 = T_2 = 2.0$ N

(3)　力のつり合いは，$\begin{cases} T_1 \cos 60° + T_2 \cos 30° - 2.0 = 0 \\ T_2 \sin 30° - T_1 \sin 60° = 0 \end{cases}$．$T_2 = \sqrt{3}\, T_1$, $T_1 = \dfrac{2.0}{2} = 1.0$ N, $T_2 \cong 1.7$ N

問題 2–8　円柱が面 A，B から受ける垂直抗力をそれぞれ，N_A, N_B とする．水平方向，鉛直方向の力のつり合いの式は，それぞれ $N_A - N_B \sin 30° = 0$, $N_B \cos 30° - W = 0$ となる．

(1),(2) $N_B = \dfrac{W}{\cos 30°} = \dfrac{2\sqrt{3}}{3} W$, $N_A = N_B \sin 30° = W \dfrac{\sin 30°}{\cos 30°} = W \tan 30° = \dfrac{\sqrt{3}}{3} W$

問題 2–9

(1)　$\rho V g$

(2)　$\rho V g$

(3)　力のつり合いの式は，$T + \rho V g - mg = 0$.　$T = (m - \rho V)g$

問題 2–10

(1)　$F = kx = (2.0 \times 10^2) \times (0.24 - 0.20) = 8$ N

(2)　力のつり合いの式は，$N + F - 20 = 0$.　$N = 12$ N

(3)　物体が机から離れるとき，垂直抗力は 0 N となる．$F = 20$ N，$x = \dfrac{F}{k} = \dfrac{20}{2.0 \times 10^2} = 0.10$ m．ばねの長さは，$0.20 + 0.10 = 0.30$ m

問題 2–11　円柱の体積は hS，質量は ρhS，はたらく重力は ρhSg である．

(1)　$p_0 + \dfrac{\rho dSg}{S} = p_0 + \rho dg$

(2)　$(p_0 + \rho dg)S$

(3)　円柱の下面が水から受ける力の大きさは同様に，$(p_0 + \rho(d + h)g)S$ と求められる．浮力は円柱の上下面が水から受ける力の差であるから，ρhSg.

問題 3–1　反時計回りなので，符号は $+$ である．$N = +Fl = 4.0 \times 0.50 = 2.0$ N·m

問題 3–2　この力は物体を時計回りに回転させるので，符号は $-$ である．

$$N = -Fl = -20 \times 0.20 = -4.0 \text{ N·m}$$

問題 3–3　重心まわりの力のモーメントのつり合いの式は，$(+40 \times x) + [-60 \times (2.0 - x)] = 0$ であるので，$x = 1.2$ m

または，重心を求める式を用いて，

$$x_G = \frac{m_O x_O + m_A x_A}{m_O + m_A} = \frac{m_O g \cdot x_O + m_A g \cdot x_A}{m_O g + m_A g} = \frac{40 \times 0 + 60 \times 2.0}{40 + 60} = 1.2 \text{ m}$$

問題 3–4　腕の長さは $l = 0.50 \sin 30° $ m であり，反時計回りなので符号は $+$ である．

$$N = +Fl = 4.0 \times (0.50 \sin 30°)$$
$$= 1.0 \text{ N·m}$$

問題 3–5

(1) $l = 0.30\sin 60°$ m, 時計回りなので符号は $-$. $N = -Fl = -20 \times (0.30\sin 60°) \cong -5.2$ N·m

(2) $N = (+20 \times 0.30) + (+20 \times 0.50) = 16$ N·m

(3) 偶力である. $N = +Fd = +20 \times 0.60 = 12$ N·m

(4) 偶力である. $N = +Fd = +20 \times 0.60 = 12$ N·m

問題 3–6 ばねの伸びを x とする. AO の長さを l とする.

(1) 力のつり合いの式は, $1.0 \times 10^2 x - 2.0 - 3.0 = 0$. $x = \dfrac{5.0}{1.0 \times 10^2} = 0.050$ m.

(2) 点 O のまわりの力のモーメントのつり合いの式は, $2.0l - 3.0(1.0 - l) = 0$. $l = 0.60$ m

問題 3–7

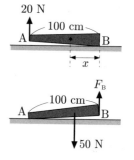

(1) 点 B から重心までの距離を x とする. 点 B のまわりの力のモーメントのつり合いの式は, $(-20 \times 1.0) + (50 \times x) = 0$ となる. これより, $x = 0.40$ m. よって, A から 60 cm.

(2) 求める力を F_B とする. 力のつり合いの式 $20 + F_B - 50 = 0$ より, $F_B = 30$ N. または, 点 A のまわりの力のモーメントのつり合いの式 $(-50 \times 0.60) + (F_B \times 1.0) = 0$ より, $F_B = 30$ N.

問題 3–8 y 軸上にある 0.40 m の部分の重心は $(0, 0.20)$ であり, x 軸上にある 0.60 m の部分の重心は $(0.30, 0)$ である. 棒の質量を m として,

$$x_G = \frac{0.4m \times 0 + 0.6m \times 0.30}{0.4m + 0.6m} = 0.18 \text{ m}$$

$$y_G = \frac{0.4m \times 0.20 + 0.6m \times 0}{0.4m + 0.6m} = 0.080 \text{ m}$$

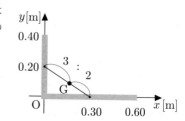

問題 3–9 力のつり合いの式は, $R_A + R_B = 10 + 20$. 支点 A まわりの力のモーメントのつり合いの式は, $(-10 \times 0.20) + (-20 \times 0.40) + (R_B \times 1.0) = 0$. 連立させて解くと, $R_A = 20$ N, $R_B = 10$ N.

問題 3–10 力のつり合いの式は, 鉛直方向について $W - N = 0$, 水平方向について $T - F = 0$. 棒の長さを l とする. B 点まわりの力のモーメントのつり合いの式は, $(-T \times l\cos\theta) + \left(W \times \dfrac{l}{2}\sin\theta\right) = 0$. 3 つの式を連立させて解くと, $N = W$, $T = \dfrac{W}{2}\tan\theta$, $F = \dfrac{W}{2}\tan\theta$.

問題 3–11　力のつり合いの式は，鉛直方向について $W = N_2$，水平方向について $N_1 = F$. 静止摩擦力について，$F = \mu N_2 = \dfrac{N_2}{2}$. 棒の下端まわりの力のモーメントのつり合いの式は，$(-N_1 \times l\sin\theta) + \left(W \times \dfrac{l}{2}\cos\theta\right) = 0$. 連立させて解くと，$\tan\theta = \dfrac{1}{2\mu} = 1$. よって，$\theta = 45°$ が最小となる.

問題 4–1

(1)　$\Delta x = x_2 - x_1 = 4.5 - 0.0 = 4.5 \text{ m}$

(2)　$\bar{v} = \dfrac{\Delta x}{\Delta t} = \dfrac{20}{5.0} = 4.0 \text{ m/s}$

(3)　$\Delta x = v\Delta t = 7.0 \times 5.0 = 35 \text{ m}$

(4)　$\Delta t = \dfrac{\Delta x}{v} = \dfrac{20}{4.0} = 5.0 \text{ s}$

(5)　$\bar{v} = \dfrac{\Delta x}{\Delta t} = \dfrac{8.0 - 2.0}{12} = 0.50 \text{ m/s}$

問題 4–2

(1)　$\bar{a} = \dfrac{\Delta v}{\Delta t} = \dfrac{20 - 0}{5.0} = 4.0 \text{ m/s}^2$

(2)　$\bar{a} = \dfrac{\Delta v}{\Delta t} = \dfrac{20 - 10}{5.0} = 2.0 \text{ m/s}^2$

(3)　15 s 後の速度を $v(15)$ とおく. 15 s 間での速度の変化は $\Delta v = v(15) - 10$. $\bar{a} = \dfrac{\Delta v}{\Delta t}$ に代入して，$-2.0 = \dfrac{v(15) - 10}{15}$. よって，$v(15) = -20 \text{ m/s}$

(4)　$\bar{a} = \dfrac{\Delta v}{\Delta t}$ に代入して，$5.0 = \dfrac{20.0 - 5.0}{\Delta t}$. よって，$\Delta t = 3.0 \text{ s}$

問題 4–3

(1)　$a = \dfrac{dx}{dt} = \dfrac{d}{dt}(5t^1) = 5 \times 1t^{1-1} = 5$,

$x = \displaystyle\int v\,dt = \int 5t^1\,dt = 5 \times \dfrac{1}{1+1}t^{1+1} + C = \dfrac{5}{2}t^2 + C$

(2)　$a = \dfrac{dx}{dt} = \dfrac{d}{dt}(t^2) = 2t^{2-1} = 2t$,

$x = \displaystyle\int v\,dt = \int t^2\,dt = \dfrac{1}{2+1}t^{2+1} + C = \dfrac{1}{3}t^3 + C$

(3)　$a = \dfrac{dx}{dt} = \dfrac{d}{dt}(3t^0) = 3 \times 0 = 0$,

$x = \displaystyle\int v\,dt = \int 3t^0\,dt = 3 \times \dfrac{1}{0+1}t^{0+1} + C = 3t + C$

(4) $\quad a = \dfrac{dx}{dt} = \dfrac{d}{dt}(t^2 + 5t + 3) = \dfrac{d}{dt}(t^2) + \dfrac{d}{dt}(5t^1) + \dfrac{d}{dt}(3t^0) = 2t + 5,$

$\quad x = \displaystyle\int v dt = \int (t^2 + 5t + 3) dt = \int t^2 dt + \int 5t^1 dt + \int 3t^0 dt$

$\quad = \dfrac{1}{3}t^3 + \dfrac{5}{2}t^2 + 3t + C$

問題 4–4

(1) $\quad \overline{a} = \dfrac{\Delta v}{\Delta t}$ に代入して, $-1.2 = \dfrac{0 - 18.0}{\Delta t}.$ $\Delta t = 15$ s

(2) $\quad \overline{a} = \dfrac{\Delta v}{\Delta t}$ に代入して, $-1.2 = \dfrac{v(7.0) - 18.0}{7.0}.$ $v(7.0) = 9.6$ m/s

問題 4–5

(1) $\quad \overline{a} = \dfrac{\Delta v}{\Delta t} = \dfrac{15.0 - 3.0}{6.0} = 2.0$ m/s^2

(2) $\quad \overline{a} = \dfrac{\Delta v}{\Delta t} = \dfrac{(-7.0) - 5.0}{4.0} = -3.0$ m/s^2

問題 4–6　A を自動車, B を新幹線として, 相対速度を求める. 東向きを正とする.

(1) $\quad v_{AB} = v_B - v_A = 250 - 60 = 190$ km/h. 東向きに 190 km/h

(2) $\quad v_{AB} = v_B - v_A = 250 - (-60) = 310$ km/h. 東向きに 310 km/h

問題 4–7

(1) $\quad x(2.0) = -2.0^2 + 24 \times 2.0 + 3 = 47$ m

(2) $\quad v = \dfrac{dx}{dt} = -2t + 24.$ $v(2.0) = -2 \times 2.0 + 24 = 20$ m/s

(3) $\quad a = \dfrac{dv}{dt} = -2$ m/s^2

問題 4–8

(1) $\quad a = \dfrac{dx}{dt} = \dfrac{d}{dt}(3t^{1/3}) = 3 \times \dfrac{1}{3} t^{\frac{1}{3}-1} = t^{-2/3},$

$\quad x = \displaystyle\int v dt = \int 3t^{1/3} dt = 3 \times \dfrac{1}{\frac{1}{3}+1} t^{1/3+1} + C = \dfrac{9}{4}t^{4/3} + C$

(2) $\quad a = \dfrac{dx}{dt} = \dfrac{d}{dt}(t^{-2}) = -2t^{-2-1} = -2t^{-3},$

$\quad x = \displaystyle\int v dt = \int t^{-2} dt = \dfrac{1}{-2+1} t^{-2+1} + C = -t^{-1} + C$

(3) $\quad a = \dfrac{dx}{dt} = \dfrac{d}{dt}(\sqrt{t}) = \dfrac{d}{dt}\left(t^{1/2}\right) = \dfrac{1}{2} t^{\frac{1}{2}-1} = \dfrac{1}{2} t^{-1/2},$

$\quad x = \displaystyle\int v dt = \int \sqrt{t} dt = \int t^{1/2} dt = \dfrac{1}{\frac{1}{2}+1} t^{1/2+1} + C = \dfrac{2}{3}t^{3/2} + C$

(4)　$a = \dfrac{dx}{dt} = \dfrac{d}{dt}\left(\dfrac{5}{t^4}\right) = \dfrac{d}{dt}(5t^{-4}) = 5 \times (-4)t^{-4-1} = -20t^{-5}$,

　　$x = \displaystyle\int v\,dt = \int \left(\dfrac{5}{t^4}\right)dt = \int 5t^{-4}dt = 5 \times \dfrac{1}{-4+1}t^{-4+1} + C = -\dfrac{5}{3}t^{-3} + C$

問題 4−9

(1)　$v = \dfrac{d}{dt}(2t^2) = 4t$ 　　　　　　　(2)　$a = \dfrac{d}{dt}(t^3 + t) = 3t^2 + 1$

(3)　$v = \dfrac{d}{dt}(2t^{1/2}) = t^{-\frac{1}{2}}$, $a = \dfrac{d}{dt}(t^{-1/2}) = -\dfrac{1}{2}t^{-\frac{3}{2}}$

問題 4−10

(1)　$v(t) = \displaystyle\int a\,dt = \int 2t^2 dt = \dfrac{2}{3}t^3 + C$. $v(0) = C = 0$ より, $v(t) = \dfrac{2}{3}t^3$.

(2)　$x(t) = \displaystyle\int v\,dt = \int (t^3 + t)\,dt = \dfrac{1}{4}t^4 + \dfrac{1}{2}t^2 + C$. $x(0) = C = 0$ より、

　　$x(t) = \dfrac{1}{4}t^4 + \dfrac{1}{2}t^2$.

(3)　$v(t) = \displaystyle\int a\,dt = \int 2\,dt = 2t + C$. $v(0) = C = 0$ より, $v(t) = 2t$.

　　$x(t) = \displaystyle\int v\,dt = \int 2t\,dt = t^2 + C'$. $x(0) = C' = 0$ より, $x(t) = t^2$.

問題 4−11

(1)　$a(2.0) = 24 \times 2.0 + 5 = 53$ m/s^2

(2)　$v(t) = \displaystyle\int a\,dt = \int (24t + 5)\,dt = 12t^2 + 5t + C$. 初期条件 $v(0) = C = 12.0$

　　より, $v(t) = 12t^2 + 5t + 12.0$

　　$v(2.0) = 12 \times 2.0^2 + 5 \times 2.0 + 12.0 = 70$ m/s

(3)　$x(t) = \displaystyle\int v\,dt = \int (12t^2 + 5t + 12.0)\,dt = 4t^3 + 2.5t^2 + 12.0t + C'$.

　　初期条件 $x(0) = C' = 0.0$ より, $x(t) = 4t^3 + 2.5t^2 + 12.0t$ となる.

　　$x(2.0) = 4 \times 2.0^3 + 2.5 \times 2.0^2 + 12.0 \times 2.0 = 66$ m

問題 5−1

(1)　(ア) 力　　(イ) つり合い　　(ウ) 静止　　(エ) 等速度運動　　(オ) 慣性

(2)　(カ) 力　　(キ) 質量　　(ク) 運動

(3)　(ケ) 作用　　(コ) 反作用　　(サ) 逆　　(シ) 大きさ　　(ス) 作用・反作用

問題 5–2　右向きを正とする.

(1)　$a = \dfrac{F}{m} = \dfrac{5.0}{2.0} = 2.5 \text{ m/s}^2$　右向き.

(2)　$F = ma = 5.0 \times 2.0 = 10 \text{ N}$　右向き.

(3)　$m = \dfrac{F}{a} = \dfrac{10}{5.0} = 2.0 \text{ kg}$

問題 5–3　右向きを正とする. 運動方程式は, $5.0a = 3.0 - 2.0$. よって, 右向きに 0.20 m/s^2.

問題 5–4　鉛直上向きを正とする.

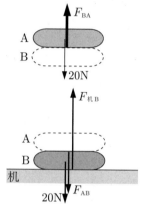

(1)　A は B から上向きの力 F_{BA} を受け, A の重力 20 N とつり合う. $F_{\text{BA}} - 20 = 0$ より, $F_{\text{BA}} = 20 \text{ N}$

(2)　B は A から下向きの力 F_{AB} を受ける. これは, (1) の A が B から受ける力 F_{BA} の反作用である. よって, $F_{\text{AB}} = F_{\text{BA}} = 20 \text{ N}$

(3)　B は机から上向きの力 $F_{\text{机 B}}$ を受ける. この力の大きさは, B にはたらく力のつり合いより, B の重力と B が A から受ける力の大きさの和に等しい. $F_{\text{机 B}} - F_{\text{AB}} - 20 = 0$ より, $F_{\text{机 B}} = 40 \text{ N}$

問題 5–5　右向きを正とする.

(1)　$a = \dfrac{F}{m} = \dfrac{6.0}{2.0} = 3.0 \text{ m/s}^2$. 右向きに 3.0 m/s^2

(2)　$\Delta v = v(4.0) - v(0) = a\Delta t = 3.0 \times 4.0 = 12 \text{ m/s}$. 右向きに速さ 12 m/s の等速度運動をする.

問題 5–6　小球にはたらく力は重力だけであり, 水平方向には力がはたらいていないので水平方向の速さは一定であり, それは発射台の速さに等しい. よって, 発射台から見ると小球は真上に上がり, そのまま発射台の元に落ちてくる. (イ)

問題 5–7　鉛直上向きを正とする.

(1)　運動方程式は, $0.40a = 4.9 - 0.40 \times 9.8$. 上向きに $a = 2.45 \cong 2.5 \text{ m/s}^2$

(2)　運動方程式は, $0.40 \times (-4.9) = T - 0.40 \times 9.8$. $T = 1.96 \cong 2.0 \text{ N}$

(3)　速度一定なので, 加速度は 0 m/s^2 である. よって, 力のつり合いの式 $T - 0.40 \times 9.8 = 0$ より, $T = 3.92 \cong 3.9 \text{ N}$

問題 5–8　鉛直上向きを正とする. 糸 1, 糸 2 の張力の大きさを T_1, T_2 とする. 上のおもりについての力のつり合いの式は, $T_1 - 5.0 - T_2 = 0$. 下のおもりについての力のつり合いの式は, $T_2 - 5.0 = 0$ である. これらを連立させて解くと, $T_1 = 10.0 \text{ N}$, $T_2 = 5.0 \text{ N}$.

問題 6–1　右向きを正の向きとする.
(1)　$a = 0.0$ m/s^2 より, $v = at + v_0 = 0 + 2.0 = 2.0$ m/s. 右向き 2.0 m/s.
(2)　$\Delta x = v\Delta t = 2.0 \times 5.0 = 10$ m. 右向き 10 m.

問題 6–2　右向きを正の向きとする.
(1)　運動方程式は, $5.0a = 10$. 右向きに $a = 2.0$ m/s^2
(2)　前問より速度は $v(t) = 2.0t$. これに $t = 4.0$ s を代入して, $v(4.0) = 2.0 \times 4.0 = 8.0$ m/s. 右向きに 8.0 m/s

問題 6–3　右向きを正の向きとする.
(1)　合力は $F = 5.0 + (-1.0) = 4.0$ N. 右向き 4.0 N.
(2)　運動方程式は, $2.0a = 4.0$. 右向きに $a = 2.0$ m/s^2
(3)　前問より速度は $v(t) = 2.0t$. これに $t = 3.0$ s を代入して, $v(3.0) = 2.0 \times 3.0 = 6.0$ m/s. 右向きに 6.0 m/s

問題 6–4　右向きを正, 上向きを正とする. 摩擦力の大きさの式 $f' = \mu'N$, 鉛直方向の力のつり合いの式 $N - mg = 0$.
(1)　運動方程式に代入すると, $ma = 10.0 - f' = 10.0 - \mu'N = 10.0 - \mu'mg$.
$$a = \frac{10.0 - \mu'mg}{m} = \frac{10.0 - 0.50 \times 1.0 \times 9.8}{1.0} = 5.1 \text{ m/s}^2.$$
右向きに 5.1 m/s^2
(2)　$a = \dfrac{-\mu'mg}{m} = \dfrac{-0.50 \times 1.0 \times 9.8}{1.0} = -4.9$ m/s^2. 左向きに 4.9 m/s^2

問題 6–5　物体 A については, 速度, 加速度, 力の向きは上向きを正, 物体 B については, 下向きを正とする. 連結されているので, 加速度の大きさは等しい. 張力の大きさを T とすると, 運動方程式は,
$$\begin{cases} 2.0a = T - 2.0 \times 9.8 \\ 3.0a = 3.0 \times 9.8 - T \end{cases}$$
である. 連立させて解くと, $a = 1.96 \cong 2.0$ m/s^2, $T = 23.52 \cong 24$ N.

問題 6–6　右向きを正とする.
(1)　$a = \dfrac{\Delta v}{\Delta t} = \dfrac{0 - 20}{5.0} = -4.0$ m/s^2. 左向きに, 4.0 m/s^2
(2)　$\Delta x = \dfrac{1}{2}at^2 + v_0t = \dfrac{1}{2} \times (-4.0) \times 5.0^2 + 20 \times 5.0 = 50$ m
(3)　運動方程式は, $ma = -f' = -\mu'N = -\mu'mg$. $f' = -ma = -10 \times (-4.0) = 40$ N. 40 N.
(4)　$\mu' = -\dfrac{a}{g} = -\dfrac{-4.0}{9.8} = 0.4081\cdots \cong 0.41$

問題 6–7

(1) 動摩擦力を f' として, 運動方程式は $ma = F - f'$. 代入すると, $5.0 \times 3.0 = 20 - f'$. $f' = 5$ N

(2) $\Delta x = \dfrac{1}{2}at^2 = \dfrac{1}{2} \times (3.0) \times 3.0^2 = 13.5 \cong 14$ m

問題 6–8

右向きを正とする. 物体 A,B は連結されているので加速度は等しい. 加速度を a, 糸の張力の大きさを T とする. 物体 A, B の運動方程式は, それぞれ $2.0a = 50 - T$, $3.0a = T$ となる. 連立させて解くと,

(1) $a = 10$ m/s^2, (2) $T = 30$ N.

問題 6–9

右向きを正とする. 物体 A,B の加速度は等しい. 加速度を a, B が A から受ける力の大きさを F とする. 物体 A, B の運動方程式は,

$$\begin{cases} 3.0a = 6.0 - F \\ 2.0a = F \end{cases}$$

である. 連立させて解くと, (1) $a = 1.2$ m/s^2, (2) $F = 2.4$ N.

問題 6–10

A については右向きを正, B については下向きを正とする. A,B の加速度の大きさは等しい.

(1) 物体 A, B の運動方程式は, 次の通り.

$$\begin{cases} 1.0a = S \\ 1.0a = 1.0 \times 9.8 - S \end{cases}$$

(2) 連立させて解くと, $a = 4.9$ m/s^2, $S = 4.9$ N.

問題 6–11

加速度を a, 糸の張力の大きさを S とする. 運動方程式は, 次式.

$$\begin{cases} Ma = S - Mg\sin\theta \\ ma = mg - S \end{cases}$$

連立させて解くと, $a = \dfrac{m - M\sin\theta}{M + m}g$, $S = \dfrac{mMg(1 + \sin\theta)}{M + m}$.

問題 6–12

積分定数を C とする.

(1) $a = \dfrac{dv}{dt} = -A$, $F = ma = -mA$. $x = \displaystyle\int v\,dt = \int (-At + B)\,dt = -\dfrac{1}{2}At^2 + Bt + C$. $x(0) = C = 0$ より, $x(t) = -\dfrac{1}{2}At^2 + Bt$. $x\left(\dfrac{B}{A}\right) = -\dfrac{1}{2}A\left(\dfrac{B}{A}\right)^2 + B\left(\dfrac{B}{A}\right) = \dfrac{B^2}{2A}$.

(2)　$a = \dfrac{dv}{dt} = -\dfrac{A^2}{(1+At)^2}$, $F = ma = -\dfrac{mA^2}{(1+At)^2}$

$x = \displaystyle\int v\,dt = \int \dfrac{A}{1+At}\,dt = \log|1+At| + C$. $x(0) = C = 0$ より，$x = \log|1+At|$. $x\left(\dfrac{1}{A}\right) = \log\left|1 + A\cdot\dfrac{1}{A}\right| = \log 2 = 0.6931\cdots \cong 0.69$

(3)　$a = \dfrac{dv}{dt} = -V\omega\sin\omega t$, $F = ma = -mV\omega\sin\omega t$.

$x = \displaystyle\int v\,dt = \int V\cos\omega t\,dt = \dfrac{V}{\omega}\sin\omega t + C$.

$x(0) = C = 0$ より，$x(t) = \dfrac{V}{\omega}\sin\omega t$. $x\left(\dfrac{\pi}{2\omega}\right) = \dfrac{V}{\omega}\sin\left(\omega\cdot\dfrac{\pi}{2\omega}\right) = \dfrac{V}{\omega}$.

問題 6–13　運動方程式を立てると，$ma = F = mR\omega^2\sin\omega t$. これより，加速度は $a = R\omega^2\sin\omega t$. $v = \displaystyle\int a\,dt = \int R\omega^2\sin\omega t\,dt = -R\omega\cos\omega t + C$. $v(0) = -R\omega + C = 0$ より，$C = R\omega$ なので，$v(t) = -R\omega\cos\omega t + R\omega = R\omega(1 - \cos\omega t)$, $x = \displaystyle\int v\,dt = \int R\omega(1 - \cos\omega t)\,dt = R\omega\left(t - \dfrac{1}{\omega}\sin\omega t\right) + C'$. $x(0) = C' = 0$ より，$x = R\omega\left(t - \dfrac{1}{\omega}\sin\omega t\right)$. C, C' は積分定数.

問題 7–1　$v(t) = at + v_0$ と $x(t) = \dfrac{1}{2}at^2 + v_0 t + x_0$ を使って解く.

(1)　問題文より，$x_0 = 0.0$ m, $v_0 = 0.0$ m/s. $v(4.0) = 2.0 \times 4.0 = 8.0$ m/s, $x(4.0) = \dfrac{1}{2} \times 2.0 \times 4.0^2 = 16$ m.

(2)　問題文より，$x_0 = 0.0$ m, $v_0 = 0.0$ m/s. $x(t) = \dfrac{1}{2} \times 1.0 \times t^2 = 8.0$. $t = 4.0$ s. $v(4.0) = 1.0 \times 4.0 = 4.0$ m/s

(3)　問題文より，最初の位置を原点とし $x_0 = 0$ m, $v_0 = 10$ m/s. 静止する時刻は，$v(t) = -2.0t + 10 = 0$ より，$t = 5.0$ s. $x(5.0) = \dfrac{1}{2} \times (-2.0) \times 5.0^2 + 10 \times 5.0 = 25$ m

(4)　問題文より，$x_0 = 0.0$ m, $v_0 = 0.0$ m/s. 運動方程式は，$5.0a = 10$. よって，加速度 $a = 2.0$ m/s^2. $v(3.0) = 2.0 \times 3.0 = 6.0$ m/s, $x(3.0) = \dfrac{1}{2} \times 2.0 \times 3.0^2 = 9.0$ m

問題 7–2　問題文より，最初の位置を原点とし $x_0 = 0$ m, $v_0 = 0$ m/s.

(1)　$a = \dfrac{\Delta v}{\Delta t} = \dfrac{8.0 - 0}{4.0} = 2.0$ m/s^2.

(2)　運動方程式より，$F = ma = 6.0 \times 2.0 = 12$ N.

(3)　加速度は，$a = \dfrac{\Delta v}{\Delta t} = \dfrac{0 - 8.0}{2.0} = -4.0$ m/s^2. 力は，$F = ma = 6.0 \times (-4.0) = -24$ N.

問題 7–3　問題文より，最初の位置を原点とし $x_0 = 0$ m, $v_0 = 0$ m/s.

(1)　$a = \dfrac{\Delta v}{\Delta t} = \dfrac{10 - 0}{2.5} = 4.0$ m/s^2

(2)　$v(6.0) = 4.0 \times 6.0 = 24$ m/s

(3)　$x(4.0) = \dfrac{1}{2} \times (4.0) \times 4.0^2 = 32$ m

問題 7–4　問題文より，最初の位置を原点とし $x_0 = 0$ m, $v_0 = 11$ m/s, $a = 5.0$ m/s^2.

(1)　$v(t) = 5.0t + 11$ に代入して，$v(t) = 5.0 \times 5.0 + 11 = 36$ m/s.

(2)　$x(t) = \dfrac{1}{2}at^2 + v_0 t + x_0$ に代入して，$x(5.0) = \dfrac{1}{2} \times (5.0) \times 5.0^2 + 11 \times 5.0 = 117.5 \cong 1.2 \times 10^2$ m.

問題 7–5　問題文より，最初の位置を原点とし $x_0 = 0$ m, $v_0 = 13$ m/s.

(1)　$a = \dfrac{\Delta v}{\Delta t} = \dfrac{0 - 13}{5.0} = -2.6$ m/s^2.　大きさは 2.6 m/s^2.

(2)　$x(t) = \dfrac{1}{2}at^2 + v_0 t + x_0$ に代入して，$x(5.0) = \dfrac{1}{2} \times (-2.6) \times 5.0^2 + 13 \times 5.0 = 32.5 \cong 33$ m.

問題 7–6　右向きを正とする．問題文より，最初の位置を原点とし $x_0 = 0$ m, $v_0 = 8.0$ m/s.　加速度を求めておくと，$a = \dfrac{\Delta v}{\Delta t} = \dfrac{(-2.0) - 8.0}{5.0} = -2.0$ m/s^2.

(1)　最も右に遠ざかるとき，速度は 0 m/s となっている．$0 = -2.0t + 8.0$ より，$t = 4.0$ s.

(2)　出発点は，原点としているから，$0 = \dfrac{1}{2} \times (-2.0) \times t^2 + 8.0t = t(-t + 8.0)$.　よって，$8.0$ s.

問題 7–7　(1) で，各区間の速度 $v(t)$ も求めておく．

(1)　(ア)　$a = \dfrac{\Delta v}{\Delta t} = \dfrac{20 - 0}{20 - 0} = 1.0$ m/s^2　　$v(t) = 1.0t$ m/s

　　(イ)　$a = \dfrac{\Delta v}{\Delta t} = \dfrac{20 - 20}{100 - 20} = 0$ m/s^2　　$v(t) = 20$ m/s

　　(ウ)　$a = \dfrac{\Delta v}{\Delta t} = \dfrac{0 - 20}{150 - 100} = -0.40$ m/s^2　　$v(t) = -0.40t + 60$ m/s

(2)　$x = \displaystyle\int_0^{20} t\, dt + \int_{20}^{100} 20\, dt + \int_{100}^{150} (-0.40t + 60)\, dt$

$= \left[\dfrac{t^2}{2}\right]_0^{20} + \Big[20t\Big]_{20}^{100} + \left[-\dfrac{0.40t^2}{2} + 60t\right]_{100}^{150} = 2300$ m

問題 7–8

(1)　運動方程式は，$2.0a_x = 0$, $2.0a_y = 4.0$.　加速度は，$a_x = 0$ m/s^2, $a_y = 2.0$ m/s^2.

(2) $v_x = \displaystyle\int a_x\,dt = C,\ v_x(0) = 5.0\ \text{m/s}$ より, $v_x(t) = 5.0\ \text{m/s}.$

$v_y = \displaystyle\int a_y\,dt = \int 2.0\,dt = 2.0t + C,\ v_y(0) = C = 0$ より, $v_y(t) = 2.0t.$

$v_y(2.0) = 2.0 \times 2.0 = 4.0\ \text{m/s}$

(3) $x = \displaystyle\int v_x\,dt = \int 5.0\,dt = 5.0t + C.\ x(0) = C = 0$ より $x(t) = 5.0t.$

$x(2.0) = 5.0 \times 2.0 = 10\ \text{m}$

$y = \displaystyle\int v_y\,dt = \int 2.0t\,dt = 1.0t^2 + C.\ y(0) = C = 0$ より, $y(t) = 1.0t^2.$

$y(2.0) = 1.0 \times 2.0^2 = 4.0\ \text{m}$

問題 8–1　鉛直上向きを正の向きとすると, 物体の加速度は $a = -g = -9.8\ \text{m/s}^2$ である.

(1) $y(t) = \dfrac{1}{2}at^2 + v_0t + y_0$ に, $y_0 = 2.0\ \text{m},\ v_0 = 0\ \text{m/s}$ を代入し $y(t) = \dfrac{1}{2}(-9.8)t^2 + 2.0,\ y = 0\ \text{m}$ となる時刻を求めると, $t = 0.6388 \cong 0.64\ \text{s}$

(2) $y_0 = 0\ \text{m},\ v_0 = 0\ \text{m/s}$ より, $v(t) = at + v_0 = -9.8t,\ y(t) = \dfrac{1}{2}at^2 + v_0t + y_0 = -4.9t^2.$ これに, $t = 1.0\ \text{s}$ を代入すると, $v(1.0) = -9.8 \times 1.0 = -9.8\ \text{m/s},$ $y(t) = -4.9 \times 1.0^2 = -4.9\ \text{m}.$ 速さは $9.8\ \text{m/s}$, 落下距離は $4.9\ \text{m}.$

(3) $y_0 = 44.1\ \text{m},\ v_0 = 0\ \text{m/s}$ より, $v(t) = at + v_0 = -9.8t,\ y(t) = \dfrac{1}{2}at^2 + v_0t + y_0 = -4.9t^2 + 44.1.$ 地面は $y = 0\ \text{m}$ だから $0 = -4.9t^2 + 44.1$ を解く. $t = 3.0\ \text{s},\ v(3.0) = -9.8 \times 3.0 = -29.4 \cong -29\ \text{m/s}.$ 時間は $3.0\ \text{s}$ で, 速さは $29\ \text{m/s}.$

(4) $y_0 = 0\ \text{m},\ v_0 = -10\ \text{m/s}$ より, $y(t) = \dfrac{1}{2}at^2 + v_0t + y_0 = -4.9 \times t^2 - 10t,$ $v(t) = at + v_0 = -9.8t - 10.$ $t = 2.0\ \text{s}$ では, $y(2.0) = -4.9 \times 2.0^2 - 10 \times 2.0 = -39.6 \cong -40\ \text{m}.$ $v(2.0) = -9.8 \times 2.0 - 10 = -29.6 \cong 30\ \text{m/s}.$ 速さは $30\ \text{m/s}$, 落下距離は $40\ \text{m}.$

(5) $y_0 = 0\ \text{m},\ v_0 = 9.8\ \text{m/s}$ より, $v(t) = at + v_0 = -9.8t + 9.8,\ y(t) = \dfrac{1}{2}at^2 + v_0t + y_0 = -4.9t^2 + 9.8t.$ 最高点では, 速度が $0\ \text{m/s}$ だから, $0 = -9.8t + 9.8$ より, 時刻は $t = 1.0\ \text{s}.$ 最高点の高さは, $y(1.0) = -4.9 \times 1.0^2 + 9.8 \times 1.0 = 4.9\ \text{m}.$

問題 8–2

(1) $v = \sqrt{v_x{}^2 + v_y{}^2} = \sqrt{4.0^2 + 3.0^2} = 5.0\ \text{m/s}$

(2) $v_x = v\cos\theta = 10\cos 30° \cong 8.7\ \text{m/s},\ v_y = v\sin\theta = 10\sin 30° = 5.0\ \text{m/s}$

問題 8–3　地面を原点とする. 問題文より, $y_0 = 44.1\ \text{m},\ v_0 = 0\ \text{m/s}.$

(1) $W = mg = 4.0 \times 9.8 = 39.2 \cong 39$ N

(2) 運動方程式は, 座標軸と重力の向きに気をつけると, $ma = -mg$. $a = -9.8$ m/s^2.

(3) 速度は $v(t) = at + v_0 = -9.8t$ より, $v(2.0) = -9.8 \times 2.0 = -19.6 \cong -20$ m/s. よって, 速さは $|-20|$ m/s $= 20$ m/s.

(4) $y(t) = \dfrac{1}{2}at^2 + v_0 t + y_0 = -4.9t^2 + 44.1$. $y(2.0) = -4.9 \times 2.0^2 + 44.1 = 24.5 \cong 25$ m.

(5) 地面は $y = 0$ m なので, $0 = -4.9t^2 + 44.1$ を満足する時刻を求めると, $t = \sqrt{\dfrac{44.1}{4.9}} = \sqrt{9.0} = 3.0$ s.

(6) 速度は $v(3.0) = -9.8 \times 3.0 = -29.4 \cong -29$ m/s. よって, 速さは $|-29|$ m/s $= 29$ m/s.

問題 8–4 地面を原点とする. 問題文より, $y_0 = 0$ m, $v_0 = 24.5$ m/s.

(1) $W = mg = 0.20 \times 9.8 = 1.96 \cong 2.0$ N.

(2) 運動方程式は, 座標軸と重力の向きに気をつけると, $ma = -mg$. $a = -9.8$ m/s^2.

(3) $v(t) = at + v_0 = -9.8t + 24.5$. $v(t) = -9.8 \times 4.0 + 24.5 = -14.7 \cong -15$ m/s, 速さは 15 m/s.

(4) $y(t) = \dfrac{1}{2}at^2 + v_0 t + y_0 = -4.9t^2 + 24.5t$. $y(4.0) = -4.9 \times 4.0^2 + 24.5 \times 4.0 = 19.6 \cong 20$ m

(5) 最高点では, 速度が 0 m/s である. $0 = -9.8t + 24.5$ より, $t = 2.5$ s.

(6) $y(2.5) = -4.9 \times 2.5^2 + 24.5 \times 2.5 = 30.625 \cong 31$ m

問題 8–5 水平右向きを x 軸の正の向き, 鉛直上向きを y 軸の正の向きとする. $x_0 = 0$ m, $y_0 = 78.4$ m, $v_{x0} = v$, $v_{y0} = 0$ m/s. $x(t) = vt$, $y(t) = -4.9t^2 + 78.4$, $v_x(t) = v$, $v_y(t) = -9.8t$.

(1) $y = 0$ より, $0 = -4.9t^2 + 78.4$. $t = 4.0$ s.

(2) $t = 4.0$ s で, $x = 40$ m だから, $40 = 4.0v$. $v = 10$ m/s.

(3) $v_y(4.0) = -9.8 \times 4.0 = -39.2$ m/s. $\theta = \tan^{-1}\left(\dfrac{v_y}{v_x}\right) = \tan^{-1}\left(\dfrac{39.2}{10}\right) = 75.68 \cdots \cong 76°$.

問題 8–6 水平右向きを x 軸の正の向き, 鉛直上向きを y 軸の正の向きとする. $x_0 = 0$ m, $y_0 = 19.6$ m, $v_{x0} = 14.7$ m/s, $v_{y0} = 0$ m/s. $x(t) = 14.7t$, $y(t) = -4.9t^2 + 19.6$, $v_x(t) = 14.7$, $v_y(t) = -9.8t$.

(1) $0 = -4.9t^2 + 19.6$. $t = 2.0$ s.

(2) $x(2.0) = 14.7 \times 2.0 = 29.4 \cong 29$ m.

(3) $v_y(2.0) = -9.8 \times 2.0 = -19.6$ m/s. $v = \sqrt{v_x{}^2 + v_y{}^2} = \sqrt{14.7^2 + (-19.6)^2} = 24.5 \cong 25$ m/s

問題 8–7　$x_0 = 0$ m, $y_0 = 0$ m.

(1)　x 成分 : $v_{x0} = 20\cos 30° = 10\sqrt{3} = 17.32\cdots \cong 17$ m/s, y 成分 : $v_{y0} = 20\sin 30° = 10$ m/s.
　　　$x(t) = 10\sqrt{3}\,t$, $y(t) = -4.9t^2 + 10t$, $v_x(t) = 10\sqrt{3}$, $v_y(t) = -9.8t + 10$.

(2)　$x(0.50) = 10\sqrt{3} \times 0.50 = 8.66\cdots \cong 8.7$ m,
　　　$y(0.50) = -4.9 \times 0.50^2 + 10 \times 0.50 = 3.775 \cong 3.8$ m,
　　　$v_x(t) = 10\sqrt{3} \cong 17$ m/s, $v_y(0.50) = -9.8 \times 0.50 + 10 = 5.1$ m/s.

(3)　最高点では, y 方向の速度が 0 m/s. $0 = -9.8t + 10$ より, $t = 1.02\cdots \cong 1.0$ s.
　　　$y(t) = -4.9 \times 1.02^2 + 10 \times 1.02 = 5.10\cdots \cong 5.1$ m

(4)　地面では y が 0 m. $0 = -4.9t^2 + 10t = t(-4.9t + 10)$. $t = 10/4.9 = 2.04\cdots = 2.0$ s. $x(2.04) = 10\sqrt{3} \times 2.04 = 35.3\cdots \cong 35$ m

問題 8–8　$x_0 = 0$ m, $y_0 = 0$ m.

(1)　x 成分 : $v_{x0} = 19.6\cos 60° = 9.8$ m/s, y 成分 : $v_{y0} = 19.6\sin 60° = 9.8\sqrt{3} \cong 17$ m/s. 位置と速度は, $x(t) = 9.8t$, $y(t) = -4.9t^2 + 9.8\sqrt{3}\,t$, $v_x(t) = 9.8$, $v_y(t) = -9.8t + 9.8\sqrt{3}$.

(2)　$0 = -9.8t + 9.8\sqrt{3}$ より, $t = \sqrt{3} \cong 1.7$ s. $y(\sqrt{3}) = -4.9 \times (\sqrt{3})^2 + 9.8\sqrt{3} \times \sqrt{3} = 14.7 \cong 15$ m.

(3)　$0 = -4.9t^2 + 9.8\sqrt{3}\,t = -4.9t(t - 2.0\sqrt{3})$. $t = 2.0\sqrt{3} \cong 3.5$ s. 水平成分は, $v_x(2.0\sqrt{3}) = 9.8$ m/s. 鉛直成分は, $v_y(2.0\sqrt{3}) = -9.8 \times (2.0\sqrt{3}) + 9.8\sqrt{3} \cong -17$ m/s.

(4)　$x(2.0\sqrt{3}) = 9.8 \times (2.0\sqrt{3}) \cong 34$ m

問題 8–9　左向きを x 軸の正の向き, 鉛直下向きを y 軸の正の向きとする. $x_0 = 0$ m, $y_0 = 0$ m, $v_{x0} = 7.0$ m/s, $v_{y0} = 0$ m/s. $x(t) = 7.0t$, $y(t) = 4.9t^2$, $v_x(t) = 7.0$, $v_y(t) = 9.8t$.

落下点 P では, $\tan 30° = \dfrac{y}{x}$ となっている. $\tan 30° = \dfrac{4.9t^2}{7.0t}$ より, $4.9\sqrt{3}\,t^2 - 7.0t = 0$. これを解くと, $t = 7.0/4.9\sqrt{3} = 0.824\cdots \cong 0.82$ s. $\cos 30° = \dfrac{x}{\text{OP}}$ だから,

$$\text{OP} = \frac{x}{\cos 30°} = 7.0 \times 0.824 \div \frac{\sqrt{3}}{2} = 6.66\cdots \cong 6.7 \text{ m}.$$

問題 8–10　$y_0 = 0$, $v_0 = 0$.

(1)　運動方程式は, $ma = m\dfrac{dv}{dt} = mg - mkv$.

(2) 運動方程式の両辺を m で割って, $\dfrac{dv}{dt} = g - kv$. これを変数分離し, v と t で

積分する. $\displaystyle\int \dfrac{dv}{g-kv} = \int dt$. $-\dfrac{1}{k}\log(g-kv) = t + C$ が得られ, $t = 0$ で

$v = 0$ だから, 積分定数 $C = -\dfrac{1}{k}\log(g)$. $-\dfrac{1}{k}\log(g-kv) = t - \dfrac{1}{k}\log(g)$ を

式変形すると, $v = \dfrac{g}{k}(1 - e^{-kt})$ が得られる.

(3) もう一度積分する. $y = \displaystyle\int v\,dt = \dfrac{g}{k}\int 1 - e^{-kt}dt = \dfrac{g}{k}\left(t + \dfrac{1}{k}e^{-kt}\right) + C$.

$t = 0$ で $y = 0$ だから, $C = -\dfrac{g}{k^2}$. $y(t) = \dfrac{g}{k^2}\left(kt + e^{-kt} - 1\right)$.

(4) $\displaystyle\lim_{t\to\infty} v = \dfrac{g}{k}$.

問題 9–1

(1) 周期は, $T = \dfrac{10}{20} = 0.50$ s.

(2) 回転数は周期の逆数. $n = \dfrac{1}{T} = \dfrac{1}{0.50} = 2.0$ s^{-1}

(3) 角速度の大きさは, $\omega = 2\pi n = 2 \times 3.14 \times 2.0 = 12.56 \cong 13$ rad/s.

(4) 速さは, $v = r\omega = 0.10 \times 12.6 = 1.26 \cong 1.3$ m/s.

(5) 加速度の大きさは, $a = r\omega^2 = 0.10 \times 12.6^2 = 15.87\cdots \cong 16$ m/s^2.

(6) 向心力の大きさは, $F = mr\omega^2 = 0.20 \times 15.9 = 3.18 \cong 3.2$ N.

問題 9–2

(1) 遠心力は, $F = \dfrac{mv^2}{r} = \dfrac{60 \times 14^2}{1.0 \times 10^2} = 1.176 \times 10^2 \cong 1.2 \times 10^2$ N.

(2) 遠心力を重力で割ると, $\dfrac{F}{mg} = \dfrac{v^2}{gr} = \dfrac{14^2}{9.8 \times 1.0 \times 10^2} = 0.20$ 倍.

問題 9–3

(1) 回転の半径は, ばねの自然長と伸びの和であるから, $l + x$.

(2) ばねの弾性力の大きさは, kx.

(3) ばねの弾性力が向心力となっている. $m(l+x)\omega^2 = kx$ より, $a = (l+x)\omega^2 = \dfrac{kx}{m}$.

(4) $\omega = \sqrt{\dfrac{kx}{m(l+x)}}$

(5) $v = (l+x)\omega = \sqrt{\dfrac{kx(l+x)}{m}}$

問題 9–4
張力を S とし, 水平方向 $S\cos\theta$, 鉛直方向 $S\sin\theta$ のように分解して, 考える.

(1) 鉛直方向の力は釣り合っているので，$S\cos\theta - mg = 0$. $S = \dfrac{mg}{\cos\theta}$.

(2) 小球の回転半径は $l\sin\theta$. 張力の水平方向の分力が向心力であるから，$ml\sin\theta\,\omega^2 = S\sin\theta$. よって，

$$\omega = \sqrt{\frac{S}{ml}} = \sqrt{\frac{g}{l\cos\theta}}$$

(3) $T = \dfrac{2\pi}{\omega} = 2\pi\sqrt{\dfrac{l\cos\theta}{g}}$

問題 9-5　物体にはたらく鉛直方向の力はつり合っているから，垂直抗力は，$N = mg$.

(1) 角速度は，$\omega = \dfrac{2\pi}{T} = 2\pi n$. 速さは，$v = r\omega = 2\pi nr$.

(2) $a = r\omega^2 = 4\pi^2 n^2 r$

(3) $F = ma = 4\pi^2 mn^2 r$

(4) 滑り始める直前まで，静止摩擦力が向心力となっていたので，$mr\omega^2 = \mu N = \mu mg$.

$$\mu = \frac{r\omega^2}{g} = \frac{4\pi^2 n^2 r}{g}$$

問題 9-6

(1) $\omega = \dfrac{2\pi}{T} = \dfrac{2\pi}{27\times24\times60\times60} = 2.69\cdots\times10^{-6} \cong 2.7\times10^{-6}$ rad/s

(2) $v = r\omega = 3.8\times10^8 \times 2.69\times10^{-6} = 1.02\cdots\times10^3 \cong 1.0\times10^3$ m/s

(3) $a = r\omega^2 = 3.8\times10^8 \times \left(2.69\times10^{-6}\right)^2 = 2.74\cdots\times10^{-3} \cong 2.7\times10^{-3}$ m/s^2

問題 9-7　太陽質量を M，地球質量を m，万有引力定数を G とする．

(1) $\omega = \dfrac{2\pi}{T} = \dfrac{2\pi}{365\times24\times60\times60} = 1.99\cdots\times10^{-7} \cong 2.0\times10^{-7}$ rad/s

(2) $v = r\omega = 1.5\times10^{11} \times 1.99\times10^{-7} = 2.98\cdots\times10^4 \cong 3.0\times10^4$ m/s

(3) 万有引力が向心力となっているので，$mr\omega^2 = \dfrac{GMm}{r^2}$.

$$M = \frac{r^3\omega^2}{G} = \frac{rv^2}{G} = \frac{1.5\times10^{11}\times(2.98\times10^4)^2}{6.7\times10^{-11}} = 1.98\cdots\times10^{30}$$
$$\cong 2.0\times10^{30}\ \text{kg}$$

問題 9-8　重力が向心力となっている．$\dfrac{mv^2}{r} = mg$. よって，

$v = \sqrt{gr} = \sqrt{9.8\times6.4\times10^6} = 7.91\cdots\times10^3 \cong 7.9\times10^3$ m/s

問題 9-9　$l = \sqrt{x^2+y^2}$ を用いて，張力を水平方向 $\dfrac{x}{l}T$，鉛直方向 $\dfrac{y}{l}T$ のように分解して考える．

(1) x 方向, y 方向の運動方程式を立てると, それぞれ $ma_x = -T\dfrac{x}{l}$, $ma_y = -T\dfrac{y}{l}$.

(2) 加速度の x 成分は $a_x = -\dfrac{Tx}{lm}$, y 成分は $a_y = -\dfrac{Ty}{lm}$.

(3) $\omega = \sqrt{\dfrac{T}{lm}}$ とおく. x 方向の微分方程式 $\dfrac{d^2x}{dt^2} = -\dfrac{T}{lm}x = -\omega^2 x$ の一般解は, A, B を定数として $x = A\cos(\omega t) + B\sin(\omega t)$. これを時間微分すると, $v_x = \dfrac{dx}{dt} = -A\omega\sin(\omega t) + B\omega\cos(\omega t)$. 初期条件は $x(0) = l$, $v_x(0) = 0$ であるので, $x = l\cos(\omega t)$, $v_x = -l\omega\sin(\omega t)$. y 方向については, $l^2 = x^2 + y^2$, $(l\omega)^2 = {v_x}^2 + {v_y}^2$ であるので, $y = l\sin(\omega t)$, $v_y = l\omega\cos(\omega t)$.

問題 10–1

(1) $T = 2\pi\sqrt{\dfrac{m}{k}}$ より, ばね定数が大きくなると周期 T は小さくなる.

(2) $T = 2\pi\sqrt{\dfrac{m}{k}}$ より, 質量が大きくなると周期 T は大きくなる.

(3) ばね定数 k に対する周期を $T_1 = 2\pi\sqrt{\dfrac{m}{k}}$ とする. ばね定数を 2 倍にすると, $T_2 = 2\pi\sqrt{\dfrac{m}{2k}} = \dfrac{1}{\sqrt{2}} \times 2\pi\sqrt{\dfrac{m}{k}} = \dfrac{1}{\sqrt{2}}T_1$. よって, ばね定数を 2 倍にすると周期は $\dfrac{1}{\sqrt{2}}$ 倍になる.

(4) $T = \dfrac{2\pi}{\omega} = 2\pi\sqrt{\dfrac{m}{k}} = 2\pi\sqrt{\dfrac{0.020}{50}} = 0.125\cdots \cong 0.13$ s

(5) $f = \dfrac{1}{T} = \dfrac{1}{2\pi}\sqrt{\dfrac{k}{m}} = \dfrac{1}{2\pi}\sqrt{\dfrac{4.5}{1.5}} = 0.275\cdots \cong 0.28$ Hz

(6) $T = 2\pi\sqrt{\dfrac{m}{k}}$ より, $k = \left(\dfrac{2\pi}{T}\right)^2 m = \left(\dfrac{2\pi}{0.52}\right)^2 \times 0.25 = 36.5\cdots \cong 37$ N/m

問題 10–2

(1) 単振り子の周期は $T = \dfrac{2\pi}{\omega} = 2\pi\sqrt{\dfrac{L}{g}}$ で表されるので, 振り子の長さについて解くと $L = \left(\dfrac{T}{2\pi}\right)^2 g$. 周期を 2.0 s とするには, $L = \left(\dfrac{2.0}{2\pi}\right)^2 \times 9.8 = 0.992\cdots \cong 0.99$ m とすればよい.

(2) $T = 2\pi\sqrt{\dfrac{L}{g}} = 2\pi\sqrt{\dfrac{10}{9.8}} = 6.34\cdots \cong 6.3$ s.

(3) 月面での重力加速度を考慮すると, $T = 2\pi\sqrt{\dfrac{L}{0.17g}} = 2\pi\sqrt{\dfrac{10}{0.17 \times 9.8}} = 15.3\cdots \cong 15$ s.

問題 10–3

(1) つり合いの位置から 0.10 m 引っ張って手を放したので，振幅は $C = 0.10$ m. 伸びた状態から縮んで，また伸びるという振動なので，sin 関数で表現すると $C\sin\left(\omega t + \dfrac{\pi}{2}\right)$ と書ける．よって，位相は $\dfrac{\pi}{2}$ rad.

(2) $T = 2\pi\sqrt{\dfrac{m}{k}} = 2\pi\sqrt{\dfrac{0.050}{50}} = 0.198\cdots \cong 0.20$ s

(3) 物体の位置は $x = C\sin\left(\omega t + \dfrac{\pi}{2}\right) = C\cos\omega t$ なので，速度は $v = -C\omega\sin\omega t$ となる．手を放してから最初につり合いの位置に到達するには $\dfrac{T}{4}$ かかるので，つり合いの位置での速度は，$v\left(\dfrac{T}{4}\right) = -C\omega\sin\left(\dfrac{2\pi}{T}\times\dfrac{T}{4}\right) = -C\omega\sin\left(\dfrac{\pi}{2}\right) = -C\omega = -0.10\sqrt{\dfrac{50}{0.050}} = -3.16\cdots \cong -3.2$ m/s. よって，速さは 3.2 m/s.

(4) 加速度は $a = -C\omega^2\cos\omega t$. よって，つり合いの位置での加速度は，$a\left(\dfrac{T}{4}\right) = -C\omega^2\cos\left(\dfrac{\pi}{2}\right) = 0.0$ m/s^2. そもそもつり合いの位置とは合力が 0 N とみなせる点なので，運動方程式から加速度は 0 m/s^2 であるとして答えてもよい．

問題 10–4　水平方向への移動は微小とみなし，単振り子として考える．正方向から負方向へ移動し，折り返して正方向に向かうという振動であることから，三角関数で表現すると $x = C\sin\left(\omega t + \dfrac{\pi}{2}\right)C\cos\omega t$. ここで，振幅は $C = 0.10$ m，角振動数は $\omega = \sqrt{\dfrac{g}{L}} = \sqrt{\dfrac{9.8}{1.0}} \cong 3.13$ rad/s である．速度は，$v = -C\omega\sin\omega t$ である．つり合いの位置に到達するのにかかる時間は $\dfrac{T}{4} = \dfrac{1}{4}\dfrac{2\pi}{\omega} = \dfrac{\pi}{2\omega}$ なので，つり合いの位置での速度は $v\left(\dfrac{T}{4}\right) = -C\omega\sin\dfrac{\pi}{2} = -0.10\times 3.13\times 1 \cong 0.31$ m/s. よって，速さは 0.31 m/s.

問題 10–5　運動方程式は，$m\dfrac{d^2x}{dt^2} = -kx$. $\omega = \sqrt{\dfrac{k}{m}}$ とおいて式変形すると，$\dfrac{d^2x}{dt^2} = -\omega^2 x$.

(1) 一般解は，$x(t) = A\sin\omega t + B\cos\omega t$. 微分して，$v(t) = A\omega\cos\omega t - B\omega\sin\omega t$.

(2) $x(0) = B = x_0$, $v(0) = A\omega = 0$ より，$A = 0$, $B = x_0$ と決まる．$x(t) = x_0\cos\omega t$, $v(t) = -x_0\omega\sin\omega t$.

(3) $x(0) = B = 0$, $v(0) = A\omega = v_0$ より，$A = \dfrac{v_0}{\omega}$, $B = 0$ と決まる．$x(t) = \dfrac{v_0}{\omega}\sin\omega t$, $v(t) = v_0\cos\omega t$.

(4)　$x(0) = B = x_0,\ v(0) = A\omega = v_0$ より，$A = \dfrac{v_0}{\omega},\ B = x_0$ と決まる．
$x(t) = \dfrac{v_0}{\omega}\sin\omega t + x_0\cos\omega t,\ v(t) = v_0\cos\omega t - x_0\omega\sin\omega t.$

問題 10–6　ばね定数を k とすると，力のつり合いの式は $mg - ka = 0$ となり，
$k = \dfrac{mg}{a}$．位置 x でのばねの伸びは，$x + a$ である．

(1)　運動方程式は，$m\dfrac{d^2x}{dt^2} = -k(x + a) + mg = -\dfrac{mg}{a}x$．$\omega = \sqrt{\dfrac{g}{a}}$ とおいて式
変形すると，$\dfrac{d^2x}{dt^2} = -\omega^2 x.$

(2)　一般解は，$x(t) = A\sin\omega t + B\cos\omega t$．微分して，$v(t) = A\omega\cos\omega t - B\omega\sin\omega t$．
$x(0) = B = -a,\ v(0) = A\omega = 0$ より，$A = 0,\ B = -a$ と決まる．$x(t) = -a\cos\omega t = -a\cos\left(\sqrt{\dfrac{g}{a}}\,t\right)$．$v(t) = a\omega\sin\omega t = \sqrt{ag}\sin\left(\sqrt{\dfrac{g}{a}}\,t\right).$

(3)　$T = \dfrac{2\pi}{\omega} = 2\pi\sqrt{\dfrac{a}{g}}$

(4)　原点 $x = 0$ では $\cos\omega t = 0$ だから，$|\sin\omega t| = 1$．速さは $|v(t)| = a\omega = \sqrt{ag}.$

問題 10–7　糸の角度が θ となる位置 x において，2 本の糸の張力の合力の x 成分は，$-2S\sin\theta$ である．

(1)　運動方程式は，$m\dfrac{d^2x}{dt^2} = -2S\sin\theta$．ここで，微小角近似 $\sin\theta \cong \tan\theta = \dfrac{x}{L/2}$
を使うと，$m\dfrac{d^2x}{dt^2} = -\dfrac{4S}{L}x$ となる．$\omega = 2\sqrt{\dfrac{S}{mL}}$ とおいて式変形すると，
$\dfrac{d^2x}{dt^2} = -\omega^2 x.$

(2)　一般解は，$x(t) = A\sin\omega t + B\cos\omega t$．微分して，$v(t) = A\omega\cos\omega t - B\omega\sin\omega t$．
$x(0) = B = a,\ v(0) = A\omega = 0$ より，$A = 0,\ B = a$ と決まる．$x(t) = a\cos\omega t$．
$v(t) = -a\omega\sin\omega t.$

(3)　$T = \dfrac{2\pi}{\omega} = \pi\sqrt{\dfrac{mL}{S}}$

(4)　原点 $x = 0$ では $\cos\omega t = 0$ だから，$|\sin\omega t| = 1$．速さは $|v(t)| = a\omega = 2a\sqrt{\dfrac{S}{mL}}.$

問題 10–8　円柱の体積は LS．円柱の重力と浮力のつり合いの式は，$-Mg + \rho l S g = 0.$

(1)　運動方程式は，$M\dfrac{d^2x}{dt^2} = -Mg + \rho(l - x)Sg = -\rho Sgx$．$\omega = \sqrt{\dfrac{\rho Sg}{M}}$ とおい
て式変形すると，$\dfrac{d^2x}{dt^2} = -\omega^2 x.$

(2) 一般解は, $x(t) = A\sin\omega t + B\cos\omega t$. 微分して, $v(t) = A\omega\cos\omega t - B\omega\sin\omega t$. $x(0) = B = a$, $v(0) = A\omega = 0$ より, $A = 0, B = a$ と決まる. $x(t) = a\cos\omega t$. $v(t) = -a\omega\sin\omega t$.

(3) $T = \dfrac{2\pi}{\omega} = 2\pi\sqrt{\dfrac{M}{\rho S g}}$

(4) 原点 $x = 0$ では $\cos\omega t = 0$ だから, $|\sin\omega t| = 1$. 速さは $|v(t)| = a\omega = a\sqrt{\dfrac{\rho S g}{M}}$.

問題 10–9

(1) 位置 x において, 物体にはたらく力は $F(x) = -\dfrac{GmM(x/R)^3}{x^2} = -\dfrac{GMm}{R^3}x$.

(2) 運動方程式は, $m\dfrac{d^2x}{dt^2} = -\dfrac{GMm}{R^3}x$. $\omega = \sqrt{\dfrac{GM}{R^3}}$ とおいて式変形すると, $\dfrac{d^2x}{dt^2} = -\dfrac{GM}{R^3}x = -\omega^2 x$.

(3) 一般解は, $x(t) = A\sin\omega t + B\cos\omega t$. 微分して, $v(t) = A\omega\cos\omega t - B\omega\sin\omega t$. $x(0) = B = R$, $v(0) = A\omega = 0$ より, $A = 0, B = R$ と決まる. $x(t) = R\cos\omega t$. $v(t) = -R\omega\sin\omega t$.

(4) $T = \dfrac{2\pi}{\omega} = 2\pi\sqrt{\dfrac{R^3}{GM}}$

(5) 中心 $x = 0$ では $\cos\omega t = 0$ だから, $|\sin\omega t| = 1$. 速さは $|v(t)| = R\omega = \sqrt{\dfrac{GM}{R}}$. $g = \dfrac{GM}{R^2}$ を使って表すと, $\sqrt{gR}$ となり, 第 1 宇宙速度とよばれる速さである.

問題 10–10

(1) 運動方程式は, $m\dfrac{d^2x}{dt^2} = -kx - c\dfrac{dx}{dt}$.

(2) $\gamma = \dfrac{c}{2m}$ と $\omega = \sqrt{\dfrac{k}{m}}$ を使って式変形すると, $\dfrac{d^2x}{dt^2} + 2\gamma\dfrac{dx}{dt} + \omega^2 x = 0$. $x = e^{\lambda t}$ とおいて, 代入すると, 特性方程式 $\lambda^2 + 2\gamma\lambda + \omega^2 = 0$ が得られる. $\lambda = -\gamma \pm \sqrt{\gamma^2 - \omega^2}$. $\gamma < \omega$ だから, $\omega' = \sqrt{\omega^2 - \gamma^2}$ とすると, $\lambda = -\gamma \pm \omega' i$. 一般解は, $x(t) = e^{-\gamma t}(A\sin\omega' t + B\cos\omega' t)$ や $x(t) = Ce^{-\gamma t}\sin(\omega' t + \varphi)$ と書ける. A, B, C, φ は任意の定数である.

問題 11–1　右向きを正とする.

(1) $p = mv = 2.0 \times 3.0 = 6.0 > 0$. よって, 右向きに $6.0\ \mathrm{kg\cdot m/s}$

(2) $p = mv$ に代入して, $8.0 = 2.0v$ より, $v = 4.0 > 0$. よって, 右向きに $4.0\ \mathrm{m/s}$.

(3) 単位に注意. SI に変換する. 160 km/h $= 160 \div 3.6$ m/s $\cong 44.4$ m/s. $p = mv = 0.145 \times 44.4 \cong 6.4$ kg $\cdot$ m/s

(4) 運動量の変化は受けた力積に等しいので $\Delta p = m\Delta v = F\Delta t$ に代入する. $10 \times \Delta v = 20 \times 5.0.$ $\Delta v = 10$ m/s

問題 11–2

(1) $e = \left| \dfrac{v'}{v} \right|$ に代入すると, $e = \dfrac{5.0}{10} = 0.50.$

(2) はね返ってこなかったということは衝突後の速度が 0. つまり $e = 0.0$ (完全非弾性衝突)

(3) $e = \dfrac{v'_2 - v'_1}{v_1 - v_2} = \dfrac{2.5 - 1.0}{2.0 - (-4.0)} = \dfrac{1.5}{6.0} = 0.25$

(4) $e = \dfrac{v'_2 - v'_1}{v_1 - v_2} = \dfrac{5.0 - (-1.0)}{2.0 - (-4.0)} = \dfrac{6.0}{6.0} = 1.0$ (弾性衝突)

問題 11–3 はじめの物体 1 の進行方向を正の向きとし, 運動量保存の法則を用いる.

(1) $m_1 v_1 + m_2 v_2 = m_1 v'_1 + m_2 v'_2$ に代入すると, $1.0 \times 1.0 + 4.0 \times 0 = 1.0 \times 0 + 4.0 \times v'_2.$ $v'_2 = 0.25$ m/s. 速さは 0.25 m/s

(2) $m_1 v_1 + m_2 v_2 = m_1 v'_1 + m_2 v'_2$ に $v'_1 = v'_2 = v'$ として代入すると, $1.0 \times 1.0 + 4.0 \times 0 = (1.0 + 4.0) \times v'.$ $v' = 0.20$ m/s. 速さは 0.20 m/s

(3) $m_1 v_1 + m_2 v_2 = m_1 v'_1 + m_2 v'_2$ に代入すると, $1.0 \times 1.0 + 3.0 \times 0 = 1.0 \times (-0.20) + 3.0 \times v'_2.$ $v'_2 = 0.40$ m/s. 速さは 0.40 m/s

(4) $m_1 v_1 + m_2 v_2 = m_1 v'_1 + m_2 v'_2$ に代入すると, $1.0 \times 1.0 + 4.0 \times (-2.0) = 1.0 \times (-3.0) + 4.0 \times v'_2.$ $v'_2 = -1.0$ m/s なので, 速さは 1.0 m/s で, 物体 1 が最初に動いていた方向と逆方向.

問題 11–4

(1) $I = \displaystyle\int_0^{10} F \, dt = \int_0^{10} (0.30t + 7.0) \, dt = \left[\dfrac{0.30}{2} t^2 + 7.0t \right]_0^{10} = 15 + 70 = 85$ N $\cdot$ s

(2) $m\Delta v = m(v' - v) = I$ に代入して, $5.0(v' - 3.0) = 85.$ $v' = 20$ m/s

問題 11–5 右向きを正の向きとする.

(1) $\Delta p = m\Delta v = 0.14 \times (-30 - 20) = -7.0$ kg $\cdot$ m/s. 左に 7.0 kg $\cdot$ m/s.

(2) 「運動量の変化 $=$ 受けた力積」だから, 左に 7.0 N $\cdot$ s.

(3) $\overline{F} = \dfrac{I}{\Delta t} = \dfrac{-7.0}{0.020} = -3.5 \times 10^2$ N より, 平均の力の大きさは 3.5×10^2 N

問題 11–6

(1) 最高点では速度が 0 m/s だから, $\Delta p = m\Delta v = 1.0 \times (0 - 19.6) = -19.6$ N $\cdot$ s

(2) $I = F\Delta t = \Delta p = -19.6$ N·s

(3) 重力 $F = -mg$ を $F\Delta t = -19.6$ N·s に代入して $(-1.0 \times 9.8)\Delta t = -19.6$.
$\Delta t = 2.0$ s

問題 11–7　右向きを正の向きとする.

(1) $m_1 v_1 + m_2 v_2 = m_1 v_1' + m_2 v_2'$ に代入する. $0 + 0 = 1.0 \times (-1.0) + 3.0 v_2'$.
$v_2' = 0.333\cdots \cong 0.33$ m/s. 右向きに 0.33 m/s.

(2) $I_1 = m_1 \Delta v_1 = 1.0 \times (-1.0 - 0) = -1.0$ N·s, 左向きに 1.0 N·s.

(3) $I_2 = m_2 \Delta v_2 = 3.0 \times (0.333 - 0) = 1.0$ N·s, 右向きに 1.0 N·s.

問題 11–8　右向きを正とする. $m_1 v_1 + m_2 v_2 = m_1 v_1' + m_2 v_2'$ に代入すると,
$2.0 \times 2.0 + 1.0 \times (-1.0) = 2.0 v_1' + 1.0 v_2'$. はね返りの式は, $0.50 = -\dfrac{v_1' - v_2'}{2.0 - (-1.0)}$.
連立させて解くと, $v_1' = 0.50$ m/s, $v_2' = 2.0$ m/s.

(1) 右向きに 0.50 m/s

(2) 受けた力積は, 運動量の変化に等しいから, $m(v' - v) = 2.0 \times (0.50 - 2.0) = -3.0$ N·s. 左向きに 3.0 N·s

問題 11–9　$v^2 - v_0{}^2 = 2g\Delta x$ より, 6.4 m から静かに落下したボールの床との衝突直前での速さは $v = \sqrt{2g\Delta x} = \sqrt{2 \times 9.8 \times 6.4}$. はね上がって 2.5 m の高さまで到達する床での速さは $v' = \sqrt{2 \times 9.8 \times 2.5}$. $e = \left|\dfrac{v'}{v}\right| = \dfrac{\sqrt{2 \times 9.8 \times 2.5}}{\sqrt{2 \times 9.8 \times 6.4}} = \sqrt{\dfrac{25}{64}} = \dfrac{5}{8} = 0.625 \cong 0.63$

問題 11–10　東を x 軸の正, 北を y 軸の正の向きとする. 分裂前の A の速さを v_A とすると, 速度の x 成分, y 成分は, $v_{Ax} = v_A \cos 45° = \dfrac{v_A}{\sqrt{2}}$, $v_{Ay} = v_A \sin 45° = \dfrac{v_A}{\sqrt{2}}$. 運動量保存の法則より, x 方向 $5.0 v_{Ax} = 3.0 \times 10 = 30$ N·s, y 方向 $5.0 v_{Ay} = 2.0 v_B$.

(1) ただちに $v_{Ax} = 6.0$ m/s が求まる. よって, $v_{Ay} = 6.0$ m/s, $v_A = \sqrt{2} v_{Ax} = \sqrt{2} \times 6.0 \cong 8.5$ m/s

(2) $v_B = \dfrac{5.0}{2.0} \times 6.0 = 15$ m/s

問題 11–11　力積と運動量の変化の式より, 平均の力の大きさを求める. 標的にはたらく平均の力の大きさは, 単位時間あたりに標的が受ける力積の大きさである. 弾丸は標的に衝突後, その速さを失うことに注意して式を立てると, $\overline{F} = \dfrac{I}{\Delta t} = \dfrac{\Delta p}{\Delta t} = \dfrac{0.030 \times 350 \times 800}{60} = 1.4 \times 10^2$ N となる.

問題 12–1

(1)　$W = Fs = 3.0 \times 5.0 = 15$ J

(2)　$K = \dfrac{1}{2}mv^2 = \dfrac{1}{2} \times 2.0 \times 5.0^2 = 25$ J

(3)　$\dfrac{1}{2}m{v_2}^2 - \dfrac{1}{2}m{v_1}^2 = W$ に $v_1 = 0$ m/s を代入して，

　　　$v_2 = \sqrt{\dfrac{2W}{m}} = \sqrt{\dfrac{2 \times 1.0 \times 10^2}{2.0}} = 10$ m/s

(4)　$P = \dfrac{mgs}{t} = \dfrac{(5.0 \times 10^3 \times 9.8) \times 30}{10} = 1.47 \times 10^5 \cong 1.5 \times 10^5$ W

(5)　$U = mgh = 2.5 \times 9.8 \times 2.0 = 49$ J

(6)　$U = \dfrac{1}{2}kx^2 = \dfrac{1}{2} \times 20 \times 0.20^2 = 0.40$ J

問題 12–2

(1)　$W = Fs = 5.0 \times 20 = 1.0 \times 10^2$ J

(2)　仕事 W だけ運動エネルギーが変化するので，運動エネルギーは 1.0×10^2 J 増加する．

(3)　静止していたので，はじめの運動エネルギーは 0 J．よって，力を加えられた後の運動エネルギーが $K = 1.0 \times 10^2$ J．求める物体の速さを v とおくと，$K = \dfrac{1}{2}mv^2$ より，$v = \sqrt{\dfrac{2K}{m}} = \sqrt{\dfrac{2 \times 1.0 \times 10^2}{2.0}} = 10$ m/s.

問題 12–3　$W = Fs\cos\theta = 12 \times 5.0 \times \cos 60^\circ = 30$ J

問題 12–4　右向きを正の向きとする．

(1)　$v = \sqrt{\dfrac{2W}{m}} = \sqrt{\dfrac{2 \times 16}{2.0}} = 4.0$ m/s. 右向き 4.0 m/s.

(2)　$a = \dfrac{\Delta v}{\Delta t} = \dfrac{4.0}{10} = 0.40$ m/s^2. 右向き 0.40 m/s^2.

(3)　力は，$F = ma = 2.0 \times 0.40 = 0.80$ N. 仕事と力から移動距離を求めると，$s = \dfrac{W}{F} = \dfrac{16}{0.80} = 20$ m.

(4)　逆向きの力 -2.0 N が，-16 J だけ仕事をすれば物体は静止する．$s = \dfrac{W}{F} = \dfrac{-16}{-2.0} = 8.0$ m

問題 12–5　摩擦力と移動の向きは逆向きである．

(1)　$W = Fs = (-5.0) \times 20 = -1.0 \times 10^2$ J

(2)　$W = W_{AC} + W_{CB} = (-5.0) \times 30 + (-5.0) \times 10 = -2.0 \times 10^2$ J

問題 **12–6**

(1) 重力を斜面平行，垂直方向に分解すると，大きさはそれぞれ，$mg\sin\theta$ と $mg\cos\theta$.
ここで，$\sin\theta = \dfrac{BC}{AC} = 0.60$, $\cos\theta = \dfrac{AB}{AC} = 0.80$
引き上げる力は，$F = mg\sin\theta = 40 \times 9.8 \times 0.60 = 235.2 \cong 2.4 \times 10^2$ N.

(2) $W = Fs = mg\sin\theta\, s = 40 \times 9.8 \times 0.60 \times 10 = 2352 \cong 2.4 \times 10^3$ J

(3) 重力は引き上げる力 F とは逆向きだから，$W = -Fs = -2352 \cong -2.4 \times 10^3$ J

(4) 位置エネルギーとは重力がすることができる仕事のことだから，$2352 \cong 2.4 \times 10^3$ J

問題 **12–7**　摩擦力の向きは移動方向とは逆向きであることに注意する.

(1) $W = -Fs = -2.0 \times 20 = -40$ J

(2) (1) と異符号となり，40 J.

(3) $\dfrac{1}{2}mv_2{}^2 - \dfrac{1}{2}mv_1{}^2 = W$ に代入する.
$v_2 = \sqrt{\dfrac{2W}{m} + v_1{}^2} = \sqrt{\dfrac{2 \times (-40)}{2.0} + 10^2} = 7.745\cdots \cong 7.7$ m/s. 右向き 7.7 m/s.

問題 **12–8**　垂直抗力，重力の斜面と垂直な成分は仕事をしない.

(1) $W = Fs = (mg\sin 30°) \cdot l = \dfrac{mgl}{2}$

(2) $\dfrac{1}{2}mv_2{}^2 - \dfrac{1}{2}mv_1{}^2 = W$ に $v_1 = 0$ を代入すると，$\dfrac{1}{2}mv_2{}^2 = W = \dfrac{mgl}{2}$.

(3) $v_2 = \sqrt{gl}$

問題 **12–9**　力のつり合いの位置でのばねの伸びを x とし，力のつり合いの式 $kx - mg = 0$. 数値を代入して，$10x - 0.50 \times 9.8 = 0$ より，$x = 0.49$ m.

(1) $2.0 - 0.20 - 0.49 = 1.31$ m

(2) $mgh = 0.50 \times 9.8 \times 1.31 = 6.419 \cong 6.4$ J

(3) $\dfrac{1}{2}kx^2 = \dfrac{1}{2} \times 10 \times 0.49^2 = 1.2005 \cong 1.2$ J

(4) $mgh = 0.50 \times 9.8 \times 1.8 = 8.82 \cong 8.8$ J

(5) 手のした仕事により，重力による位置エネルギーは増加し，ばねの弾性力による位置エネルギーは減少する. $W = 8.82 - 6.419 - 1.2005 = 1.2005 \cong 1.2$ J

問題 **13–1**

(1) 力学的エネルギー保存の法則 $K_1 + U_1 = K_2 + U_2$ より，$8.0 + 5.0 = K_2 + 4.0$.
よって，$K_2 = 9.0$ J

(2) 力学的エネルギー保存の法則 $K_1 + U_1 = K_2 + U_2$ より，$6.0 + (-9.0) = 1.0 + U_2$.
よって，$U_2 = -4.0$ J.

(3) 力学的エネルギー保存の法則 $K_1 + U_1 = K_2 + U_2$ より，$17 + 19 = K_2 + U_2$. 問題文より $K_2 = 2U_2$ なので，連立させて解くと，$K_2 = 24$ J，$U_2 = 12$ J

(4) 力学的エネルギー保存の法則 $K_1 + U_1 = K_2 + U_2 = K_3 + U_3$ より，$5.0 + 5.0 = 7.0 + U_2 = K_3 + 2.0$. 最初と最後について比較することで，最後の時刻での運動エネルギーは $K_3 = 8.0$ J

(5) 位置エネルギーの基準を地面とする．最高点では，ボールの速度が 0 m/s であることより，運動エネルギーが 0 J. よって，力学的エネルギー保存の法則 $K_1 + U_1 = K_2 + U_2$ より，最高点での位置エネルギー U_2 は $3.0 + 0.0 = 0.0 + U_2$ を満たす．よって，$U_2 = 3.0$ J

問題 13–2

(1) $U_1 = mgh = 4.0 \times 9.8 \times 2.5 = 98$ J

(2) 静かに手を放したことから初速度は 0 m/s なので，運動エネルギー K_1 も 0 J. よって，手放す瞬間の力学的エネルギーは $K_1 + U_1 = 98$ J

(3) 地面を基準としているので，地面での位置エネルギー U_2 は 0 J. 力学的エネルギー保存の法則 $K_1 + U_1 = K_2 + U_2$ より，$0 + 98 = K_2 + 0$. よって，$K_2 = 98$ J

(4) 地面に落下する瞬間の速さを v とおくと，$K_2 = \dfrac{1}{2}mv^2$ より，$v = \sqrt{\dfrac{2K_2}{m}} = 7.0$ m/s

問題 13–3

(1) $E = \dfrac{1}{2}mv^2 + mgh = \dfrac{1}{2} \times 0.20 \times 14^2 + 0.20 \times 9.8 \times 0 = 19.6 \cong 20$ J.

(2) 力学的エネルギー保存の法則より，20 J.

(3) 最高点では運動エネルギーが 0 J だから，位置エネルギーは力学的エネルギーに等しく 20 J.

(4) $U = mgh$ より，最高点の高さは $h = \dfrac{U}{mg} = \dfrac{19.6}{0.20 \times 9.8} = 10$ m.

(5) 地面では位置エネルギーが 0 J だから，運動エネルギーは力学的エネルギーに等しい．$K = \dfrac{1}{2}mv^2$ より，$v = \sqrt{\dfrac{2K}{m}} = \sqrt{\dfrac{2 \times 19.6}{0.20}} = 14$ m/s (投げ上げた速さと同じ).

問題 13–4

(1) $E = \dfrac{1}{2}mv^2 + mgh = \dfrac{1}{2} \times 0.20 \times 20^2 + 0.20 \times 9.8 \times 3.0 = 45.88 \cong 46$ J.

(2) 力学的エネルギー保存の法則より，46 J.

(3) 最高点では運動エネルギーが 0 J だから，位置エネルギーは力学的エネルギーに等しく 46 J.

(4)　$U = mgh$ より，最高点の高さは $h = \dfrac{U}{mg} = \dfrac{45.88}{0.20 \times 9.8} = 23.40 \cong 23$ m.

(5)　地面では位置エネルギーが 0 J だから，運動エネルギーは力学的エネルギーに等しい．$K = \dfrac{1}{2}mv^2$ より，$v = \sqrt{\dfrac{2K}{m}} = \sqrt{\dfrac{2 \times 45.88}{0.20}} = 21.41 \cdots \cong 21$ m/s.

問題 13–5　糸の張力は仕事をしないので，力学的エネルギー保存の法則が成立する．$\dfrac{1}{2}mv_1{}^2 + mgh_1 = \dfrac{1}{2}mv_2{}^2 + mgh_2$ に代入すると，$0 + mgh_1 = \dfrac{1}{2}mv_2{}^2 + 0.$ $v_2 = \sqrt{2gh_1} = \sqrt{2 \times 9.8 \times 0.50} = 3.13 \cdots \cong 3.1$ m/s

問題 13–6　垂直抗力は仕事をしないので，力学的エネルギーは保存する．

(1)　$E = \dfrac{1}{2}mv^2 + mgh = 0 + 5.0 \times 9.8 \times 10 = 4.9 \times 10^2$ J.

(2)　力学的エネルギー保存の法則より，4.9×10^2 J.

(3)　力学的エネルギー保存の法則より，4.9×10^2 J.

(4)　力学的エネルギー保存の法則より，$4.9 \times 10^2 = \dfrac{1}{2}mv^2 + mgh = \dfrac{1}{2} \times 5.0 \times v^2 + 5.0 \times 9.8 \times 2.5.$ $v = 7\sqrt{3} = 12.12 \cdots \cong 12$ m/s.

(5)　力学的エネルギー保存の法則より，$4.9 \times 10^2 = \dfrac{1}{2}mv^2 + mgh = \dfrac{1}{2} \times 5.0 \times v^2 + 0.$ $v = 14$ m/s.

問題 13–7

(1)　$\dfrac{1}{2}mv^2 = \dfrac{1}{2} \times 10 \times 10^2 = 5.0 \times 10^2$ J.

(2)　$mgh = 10 \times 9.8 \times 10 = 9.8 \times 10^2$ J.

(3)　投げ出したときの力学的エネルギーを求めると，$E = \dfrac{1}{2}mv^2 + mgh = 5.0 \times 10^2 + 9.8 \times 10^2 = 14.8 \times 10^2$ J. 力学的エネルギー保存の法則より，$14.8 \times 10^2 = \dfrac{1}{2}mv^2 + mgh = \dfrac{1}{2} \times 10 \times v^2 + 10 \times 9.8 \times 5.0.$ $v^2 = 198,$ $v = 3\sqrt{22} = 14.07 \cdots \cong 14$ m/s.

(4)　力学的エネルギー保存の法則より，$14.8 \times 10^2 = \dfrac{1}{2}mv^2 + mgh = \dfrac{1}{2} \times 10 \times v^2 + 0.$ $v^2 = 296,$ $v = 2\sqrt{74} = 17.20 \cdots \cong 17$ m/s.

問題 13–8　垂直抗力は仕事をしない．

(1)　力学的エネルギー保存の法則が成立する．$\dfrac{1}{2}mv_1{}^2 + mgh_1 = \dfrac{1}{2}mv_2{}^2 + mgh_2$ に代入すると，$0 + m \times 9.8 \times 0.40 = \dfrac{1}{2}mv_2{}^2 + m \times 9.8 \times 0.20.$ m を消去して，$v_2 = \sqrt{2 \times 9.8 \times (0.40 - 0.20)} \cong 1.979 \cdots \cong 2.0$ m/s.

(2) 力学的エネルギー保存の法則が成立する． $\dfrac{1}{2}mv_1{}^2 + mgh_1 = \dfrac{1}{2}mv_2{}^2 + mgh_2$ に代入すると，$0 + m \times 9.8 \times 0.40 = \dfrac{1}{2}mv_2{}^2 + 0$． $v_2 = \sqrt{2 \times 9.8 \times 0.40} = \dfrac{14}{5} = 2.8$ m/s．

問題 13–9 垂直抗力は仕事をしない．

(1) 力学的エネルギー保存の法則が成立する． $\dfrac{1}{2}mv_1{}^2 + mgh_1 + \dfrac{1}{2}kx_1{}^2 = \dfrac{1}{2}mv_2{}^2 + mgh_2 + \dfrac{1}{2}kx_2{}^2$ に代入すると，$0 + 0 + \dfrac{1}{2} \times 9.8 \times 0.020^2 = 0 + 0.010 \times 9.8 \times h_2 + 0$． $h_2 = 0.020$ m．

(2) 力学的エネルギー保存の法則より，$0 + 0 + \dfrac{1}{2} \times 9.8 \times 0.10^2 = \dfrac{1}{2} \times 0.010 \times v_2{}^2 + 0.010 \times 9.8 \times 0.40 + 0$． $v_2 = \dfrac{7}{5} = 1.4$ m/s．

問題 13–10 A,B を一体として考える．

(1) $2.0 \times 9.8 \times 2.0 + 3.0 \times 9.8 \times (-2.0) = -19.6$ J．

(2) 力学的エネルギー保存の法則より，減少した位置エネルギーの分だけ，運動エネルギーは増加している．$19.6 = \dfrac{1}{2} \times (2.0 + 3.0) \times v^2$． $v = \dfrac{14}{5} = 2.8$ m/s．

問題 14–1

(1) ポテンシャル $U = mgy$，運動エネルギー $T = \dfrac{1}{2}m\dot{y}^2$，ラグランジアンは，
$L = T - U = \dfrac{1}{2}m\dot{y}^2 - mgy$．

(2) 偏微分すると，$\dfrac{\partial L}{\partial \dot{y}} = m\dot{y}$，$\dfrac{\partial L}{\partial y} = -mg$．ラグランジュ方程式 $\dfrac{d}{dt}\left(\dfrac{\partial L}{\partial \dot{y}}\right) - \dfrac{\partial L}{\partial y} = 0$ に代入すると，$\dfrac{d}{dt}(m\dot{y}) - (-mg) = 0$．運動方程式 $m\ddot{y} = -mg$ が導かれる．

(3) 一般化運動量 $p = \dfrac{\partial L}{\partial \dot{y}} = m\dot{y}$，ハミルトニアンは，
$$H = p\dot{y} - L = p\dfrac{p}{m} - \dfrac{1}{2}m\left(\dfrac{p}{m}\right)^2 + mgy = \dfrac{p^2}{2m} + mgy.$$

(4) ハミルトンの正準方程式は，$\dfrac{dy}{dt} = \dfrac{\partial H}{\partial p} = \dfrac{p}{m}$，$\dfrac{dp}{dt} = -\dfrac{\partial H}{\partial y} = -mg$ となり，運動方程式は，$\dfrac{dp}{dt} = m\dfrac{d\dot{y}}{dt} = m\ddot{y} = -mg$ と求まる．

問題 14–2 A, B の運動方向にそれぞれ座標軸 y_A と y_B をとる．A, B は連結されているので，$\dot{y}_A = \dot{y}_B$．B が高さ h だけ下がると，A は $h\sin\theta$ だけ上がる．

(1)　ポテンシャル $U = mgy_A + mgy_B = mg(-y_B \sin\theta) + mgy_B = mgy_B(1 - \sin\theta)$,
　　運動エネルギー $T = \dfrac{1}{2}m\dot{y}_A^2 + \dfrac{1}{2}m\dot{y}_B^2$,
　　ラグランジアン $L = T - U = m\dot{y}_B^2 - mgy_B(1 - \sin\theta)$.

(2)　偏微分すると, $\dfrac{\partial L}{\partial \dot{y}_B} = 2m\dot{y}_B$, $\dfrac{\partial L}{\partial y_B} = -mg(1 - \sin\theta)$. ラグランジュ方程式
　　$\dfrac{d}{dt}\left(\dfrac{\partial L}{\partial \dot{y}_B}\right) - \dfrac{\partial L}{\partial y_B} = 0$ に代入すると, $\dfrac{d}{dt}(2m\dot{y}_B) - (-mg(1 - \sin\theta)) = 0$.
　　運動方程式 $m\ddot{y}_B = -\dfrac{1}{2}mg(1 - \sin\theta)$ が導かれる.

(3)　一般化運動量 $p = \dfrac{\partial L}{\partial \dot{y}_B} = 2m\dot{y}_B$, ハミルトニアンは,
　　$H = p\dot{y} - L = p\dfrac{p}{2m} - m\left(\dfrac{p}{2m}\right)^2 + mgy_B(1 - \sin\theta) = \dfrac{p^2}{4m} + mgy_B(1 - \sin\theta)$.

(4)　ハミルトンの正準方程式は,
　　$\dfrac{dy_B}{dt} = \dfrac{\partial H}{\partial p} = \dfrac{p}{2m}$, $\dfrac{dp}{dt} = -\dfrac{\partial H}{\partial y_B} = -mg(1 - \sin\theta)$. $\dfrac{dp}{dt} = 2m\dfrac{d\dot{y}_B}{dt} =$
　　$2m\ddot{y}_B = -mg(1 - \sin\theta)$ より, 運動方程式 $m\ddot{y}_B = -\dfrac{1}{2}mg(1 - \sin\theta)$ が求まる.

問題 14–3

(1)　ポテンシャル $U = \dfrac{1}{2}kx^2$, 運動エネルギー $T = \dfrac{1}{2}m\dot{x}^2$, ラグランジアンは
　　$L = T - U = \dfrac{1}{2}m\dot{x}^2 - \dfrac{1}{2}kx^2$.

(2)　偏微分すると, $\dfrac{\partial L}{\partial \dot{x}} = m\dot{x}$, $\dfrac{\partial L}{\partial y} = -kx$. ラグランジュ方程式 $\dfrac{d}{dt}\left(\dfrac{\partial L}{\partial \dot{x}}\right) -$
　　$\dfrac{\partial L}{\partial x} = 0$ に代入すると, $\dfrac{d}{dt}(m\dot{x}) - (-kx) = 0$. 運動方程式 $m\ddot{x} = -kx$ が導かれる.

(3)　一般化運動量 $p = \dfrac{\partial L}{\partial \dot{x}} = m\dot{x}$, ハミルトニアンは,
　　$$H = p\dot{x} - L = p\dfrac{p}{m} - \dfrac{1}{2}m\left(\dfrac{p}{m}\right)^2 + \dfrac{1}{2}kx^2 = \dfrac{p^2}{2m} + \dfrac{1}{2}kx^2.$$

(4)　ハミルトンの正準方程式は, $\dfrac{dx}{dt} = \dfrac{\partial H}{\partial p} = \dfrac{p}{m}$, $\dfrac{dp}{dt} = -\dfrac{\partial H}{\partial x} = -kx$ となり,
　　運動方程式 $\dfrac{dp}{dt} = m\dfrac{d\dot{x}}{dt} = m\ddot{x} = -kx$ が求まる.

問題 14–4　おもりの速さは $v = l\left|\dot{\theta}\right|$ である.

(1)　ポテンシャルは $U = mgl(1 - \cos\theta)$, 運動エネルギーは $T = \dfrac{1}{2}m(l\dot{\theta})^2$, ラグランジアンは, $L = T - U = \dfrac{1}{2}ml^2\dot{\theta}^2 - mgl(1 - \cos\theta)$.

(2) 偏微分すると, $\dfrac{\partial L}{\partial \dot{\theta}} = ml^2 \dot{\theta}$, $\dfrac{\partial L}{\partial \theta} = -mgl\sin\theta$. ラグランジュ方程式 $\dfrac{d}{dt}\left(\dfrac{\partial L}{\partial \dot{\theta}}\right) - \dfrac{\partial L}{\partial \theta} = 0$ に代入すると, $\dfrac{d}{dt}\left(ml^2\dot{\theta}\right) - (-mgl\sin\theta) = 0$. 運動方程式 $ml^2\ddot{\theta} = -mgl\sin\theta$ が導かれる.

(3) 一般化運動量 $p = \dfrac{\partial L}{\partial \dot{\theta}} = ml^2\dot{\theta}$, ハミルトニアンは, $H = p\dot{\theta} - L = p\left(\dfrac{p}{ml^2}\right) - \dfrac{1}{2}ml^2\left(\dfrac{p}{ml^2}\right)^2 + mgl(1-\cos\theta) = \dfrac{p^2}{2ml^2} + mgl(1-\cos\theta)$.

(4) ハミルトンの正準方程式は, $\dfrac{d\theta}{dt} = \dfrac{\partial H}{\partial p} = \dfrac{p}{ml^2}$, $\dfrac{dp}{dt} = -\dfrac{\partial H}{\partial \theta} = -mgl\sin\theta$. 運動方程式 $\dfrac{dp}{dt} = ml^2\ddot{\theta} = -mgl\sin\theta$ が求まる.

問題 15–1

(1) 2.32×10^{-3} mg $= 2.32 \times 10^{-3} \times 10^{-3}$ g $= 2.32 \times 10^{-6} \times 10^{-3}$ kg $= 2.32 \times 10^{-9}$ kg

(2) 2.32×10^4 g $= 2.32 \times 10^4 \times 10^{-3}$ kg $= 2.32 \times 10^1$ kg

(3) 0.53 mm $= 5.3 \times 10^{-1}$ mm $= 5.3 \times 10^{-1} \times 10^{-3}$ m $= 5.3 \times 10^{-4}$ m

(4) 4.2×10^{-5} km $= 4.2 \times 10^{-5} \times 10^3$ m $= 4.2 \times 10^{-2}$ m

(5) 2 h 30 min $= 2 \times 60 + 30$ min $= 150 \times 60$ s $= 9000$ s $= 9.0 \times 10^3$ s

(6) 350 μs $= 3.5 \times 10^2$ μs $= 3.5 \times 10^2 \times 10^{-6}$ s $= 3.5 \times 10^{-4}$ s

(7) 500 ml $= 5.00 \times 10^2$ ml $= 5.00 \times 10^2 \times 10^{-6}$ m^3 $= 5.00 \times 10^{-4}$ m^3

(8) 10 cc $= 1.0 \times 10^1$ cc $= 1.0 \times 10^1 \times 10^{-6}$ m^3 $= 1.0 \times 10^{-5}$ m^3

(9) 18 km/h $= 1.8 \times 10^1$ km/h $= 1.8 \times 10^1 \times \dfrac{10^3 \text{ m}}{60 \times 60 \text{ s}} = 5.0$ m/s

(10) 2.5 g/cm^3 $= 2.5 \times \dfrac{10^{-3} \text{ kg}}{10^{-6} \text{ m}^3} = 2.5 \times 10^3$ kg/m^3

(11) 10 cm^2 $= 1.0 \times 10^1$ cm^2 $= 1.0 \times 10^1 \times 10^{-4}$ m^2 $= 1.0 \times 10^{-3}$ m^2

(12) 980 cm/s^2 $= 9.8 \times 10^2$ cm/s^2 $= 9.8 \times 10^2 \times 10^{-2}$ m/s^2 $= 9.8$ m/s^2

問題 15–2

(1) $3200 \times 2500 \times 4400 = 3.2 \times 2.5 \times 4.4 \times 10^{3+3+3} = 35.2 \times 10^9 = 3.52 \times 10^{10}$

(2) $0.0053 \times 0.0064 = 5.3 \times 6.4 \times 10^{-3-3} = 33.92 \times 10^{-6} = 3.392 \times 10^{-5}$

(3) $(5.5 \times 10^{-3}) \times 0.036 = 5.5 \times 3.6 \times 10^{-3-2} = 19.8 \times 10^{-5} = 1.98 \times 10^{-4}$

(4) $3.14 \times (2.0 \times 10^4)^2 = 12.56 \times 10^8 = 1.256 \times 10^9$

(5) $(8.3 \times 10^{-3}) \times (6.4 \times 10^8) = 8.3 \times 6.4 \times 10^{-3+8} = 53.12 \times 10^5 = 5.312 \times 10^6$

(6) $(1.32 \times 10^8) \div (4.4 \times 10^{-5}) = 1.32 \div 4.4 \times 10^{8-(-5)} = 0.30 \times 10^{13} = 3.0 \times 10^{12}$

(7) $0.82 \times 10^7 + 6.03 \times 10^6 = 0.82 \times 10^7 + 0.603 \times 10^7 = (0.82 + 0.603) \times 10^7 = 1.423 \times 10^7$

(8) $0.82 \times 10^7 - 6.03 \times 10^6 = 8.2 \times 10^6 - 6.03 \times 10^6 = (8.2 - 6.03) \times 10^6 = 2.17 \times 10^6$

問題 15–3

(1) $0.70 \ \mu m = 7.0 \times 10^{-1-6} \ m = 7.0 \times \boxed{10^{-7}} \ m$

(2) $800 \ MHz = 8.00 \times 10^{2+6} \ Hz = 8.00 \times \boxed{10^8} \ Hz$

(3) $1{,}013.25 \ hPa = 1.01325 \times 10^{3+2} \ Pa = 1.01325 \times \boxed{10^5} \ Pa$

(4) $31{,}536{,}000 \ s = 3.1536 \times 10^7 \cong 3.15 \times \boxed{10^7} \ s$

(5) $880.6 \ km = 8.806 \times 10^{2+3} \ m = 8.806 \times \boxed{10^5} \ m$

問題 15–4

(1) $54{,}320 \ kg = \boxed{5.432 \times 10^4} \ kg = 5.432 \times 10^{4+3} \ g = \boxed{5.432 \times 10^7} \ g$

(2) $0.000135 \ m = \boxed{1.35 \times 10^{-4}} \ m = 1.35 \times 10^{-4+6} \ \mu m = \boxed{1.35 \times 10^2} \ \mu m$

(3) $31{,}536{,}000 \ s = \boxed{3.1536 \times 10^7} \ s = 3.1536 \times 10^{7-6} \ Ms = \boxed{3.1536 \times 10^1} \ Ms$

(4) $0.053 \ km = \boxed{5.3 \times 10^{-2}} \ km = 5.3 \times 10^{-2+3+2} \ cm = \boxed{5.3 \times 10^3} \ cm$

(5) $36{,}920 \ g = \boxed{3.692 \times 10^4} \ g = 3.692 \times 10^{4-3} \ kg = \boxed{3.692 \times 10^1} \ kg$

問題 15–5

(1) $2\pi r = 2 \times 3.14 \times (6.4 \times 10^6) = 4.0192 \times 10^7 \cong 4.0 \times 10^7 \ m$

(2) $2\pi r = 2 \times 3.14 \times (1.7 \times 10^6) = 1.0676 \times 10^7 \cong 1.1 \times 10^7 \ m$

(3) $4\pi r^2 = 4 \times 3.14 \times (6.4 \times 10^6)^2 = 5.144576 \times 10^{14} \cong 5.1 \times 10^{14} \ m^2$

(4) $4\pi r^2 = 4 \times 3.14 \times (1.7 \times 10^6)^2 = 3.62984 \times 10^{13} \cong 3.6 \times 10^{13} \ m^2$

(5) $\dfrac{4\pi r^3}{3} = \dfrac{4 \times 3.14 \times (6.4 \times 10^6)^3}{3} = 1.097 \cdots 10^{21} \cong 1.1 \times 10^{21} \ m^3$

(6) $\dfrac{4\pi r^3}{3} = \dfrac{4 \times 3.14 \times (1.7 \times 10^6)^3}{3} = 2.056 \cdots \times 10^{19} \cong 2.1 \times 10^{19} \ m^3$

問題 16–1

(1) $23.45 = 2.345 \times 10^1$ 有効数字 4 桁
(2) $678 = 6.78 \times 10^2$ 有効数字 3 桁
(3) $901.234 = 9.01234 \times 10^2$ 有効数字 6 桁
(4) $0.056 = 5.6 \times 10^{-2}$ 有効数字 2 桁

(5)　$78.90 = 7.890 \times 10^1$　　　　有効数字 4 桁

(6)　$-0.5669 = -5.669 \times 10^{-1}$　　有効数字 4 桁

(7)　$0.0053 = 5.3 \times 10^{-3}$　　　　有効数字 2 桁

(8)　$0.005300 = 5.300 \times 10^{-3}$　　有効数字 4 桁

問題 16–2

(1)　小数第 2 位に合わせる.　$5.2\underline{3} + 3.3398 = 8.5\underline{6}98 \cong 8.57$

(2)　小数第 1 位に合わせる.　$88.01 - 88.\underline{9} = -0.\underline{89} \cong -0.9 = -9 \times 10^{-1}$

(3)　有効数字 1 桁にする.　$1.23 \times 9 = 11.07 \cong 1 \times 10^1$

(4)　有効数字 2 桁にする.　$1.23 \times 1.7 = 2.091 \cong 2.1$

(5)　有効数字 3 桁にする.　$1.23 \times 3.57 = 4.3911 \cong 4.39$

(6)　有効数字 4 桁にする.　$1.234 \times 9.876 = 12.186984 \cong 12.19 = 1.219 \times 10^1$

(7)　有効数字 2 桁にする.　$2.345 \times 1.3 = 3.0485 \cong 3.0$

(8)　有効数字 2 桁にする.　$78.9 \div 3.8 = 20.76 \cdots \cong 2.1 \times 10^1$

(9)　$931.54 \text{ kg} - 1.5 \text{ g} = (931.54 - 0.0015) \text{ kg} = 931.5385 \text{ kg} \cong 931.54 \text{ kg} = 9.3154 \times 10^2 \text{ kg}$

(10)　$7.8 \text{ kg} + 2.28 \text{ kg} = 10.08 \text{ kg} \cong 10.1 \text{ kg} = 1.01 \times 10^1 \text{ kg}$

(11)　$6.8 \text{ km} + 222 \text{ m} = 6.8 \times 10^3 + 2.22 \times 10^2 \text{ m} = (6.8 + 0.222) \times 10^3 \text{ m} = 7.022 \times 10^3 \text{ m} \cong 7.0 \times 10^3 \text{ m}$

(12)　$3.66 \text{ s} - 3.055 \text{ s} = 0.605 \text{ s} \cong 0.61 \text{ s} = 6.1 \times 10^{-1} \text{ s}$

(13)　$2.35 \text{ mm} \times 0.95 \text{ mm} = 2.2325 \times 10^{-6} \text{ m}^2 \cong 2.2 \times 10^{-6} \text{ m}^2$

(14)　$65 \text{ kg} \times 979.64 \text{ cm/s}^2 = 63676.6 \times 10^{-2} \text{ kg} \cdot \text{m/s}^2 \cong 6.4 \times 10^2 \text{ kg} \cdot \text{m/s}^2 = 6.4 \times 10^2 \text{ N}$

問題 16–3

(1)

回数	直径 d (mm)	残差 (mm)	(残差)^2 (mm^2)
1	9.980	-8×10^{-4}	64×10^{-8}
2	9.981	2×10^{-4}	4×10^{-8}
3	9.981	2×10^{-4}	4×10^{-8}
4	9.982	1.2×10^{-3}	144×10^{-8}
5	9.980	-8×10^{-4}	64×10^{-8}
6	9.979	-1.8×10^{-3}	324×10^{-8}
7	9.981	2×10^{-4}	4×10^{-8}
8	9.983	2.2×10^{-3}	484×10^{-8}
9	9.980	-8×10^{-4}	64×10^{-8}
10	9.981	2×10^{-4}	4×10^{-8}
平均	9.9808	(残差)^2 の合計	1160×10^{-8}

(2) $\sigma^2 = 1.16 \times 10^{-5} \div (10 - 1) = 1.288 \cdots \times 10^{-6} = 1.29 \times 10^{-6}$ mm^2

(3) $\sigma = \sqrt{1.29 \times 10^{-6}} = 1.135 \cdots \times 10^{-3} = 0.0011$ m

(4) $\overline{x} \pm \sigma = 9.9808 \pm 0.0011$ m

問題 16–4

(1) 0.000252 km $= 2.52 \times 10^{-1}$ m, 35.31 cm $= 3.531 \times 10^{-1}$ m. 有効数字 3 桁で答える.

$$(2.52 \times 10^{-1}) \times (3.531 \times 10^{-1}) = 8.89812 \times 10^{-2} \cong 8.90 \times 10^{-2} \text{ m}^2$$

(2) 18.2 cm $= 1.82 \times 10^{-1}$ m, 有効数字 3 桁で答える. 円周率は, 3.141 とする.

$$3.141 \times \left(\frac{1.82}{2} \times 10^{-1}\right)^2 = 2.601 \cdots \times 10^{-2} \cong 2.60 \times 10^{-2} \text{ m}^2$$

(3) 2.45 cm $= 2.45 \times 10^{-2}$ m, 有効数字 3 桁で答える. 円周率は, 3.141 とする.

$$\frac{4 \times 3.141}{3} \times \left(\frac{2.45}{2} \times 10^{-2}\right)^3 = 7.696 \cdots \times 10^{-6} \cong 7.70 \times 10^{-6} \text{ m}^3$$

(4) 有効数字 2 桁で答える. 円周率は, 3.14 とする. $2 \times 3.14 \times 5.5 = 3.454 \times 10^1 \cong 3.5 \times 10^1$ m

(5) 有効数字 4 桁で答える. 円周率は, 3.1415 とする.

$$3.1415 \times 5.500^2 = 9.5030 \cdots \times 10^1 \cong 9.503 \times 10^1 \text{ m}^2$$

(6) 21 cm$^3 = 2.1 \times 10^{-5}$ m^3, 12 g $= 1.2 \times 10^{-2}$ kg. 有効数字 2 桁で答える.

$$\rho = \frac{M}{V} = \frac{1.2 \times 10^{-2}}{2.1 \times 10^{-5}} = 5.71 \cdots \times 10^2 \cong 5.7 \times 10^2 \text{ kg/m}^3$$

(7) 2.0 cm $= 2.0 \times 10^{-2}$ m, 体積は, $(2.0 \times 10^{-2})^3 = 8.0 \times 10^{-6}$ m^3. 196 g $= 1.96 \times 10^{-1}$ kg. 有効数字 2 桁で答える. $\rho = \dfrac{M}{V} = \dfrac{1.96 \times 10^{-1}}{8.0 \times 10^{-6}} = 2.45 \times 10^4 \cong 2.5 \times 10^4$ kg/m^3

問題 17–1
(1) $x^2 + 4x + 4 = (x + 2)^2$ (2) $x^2 - 9 = (x + 3)(x - 3)$

(3) $x^2 + 5x - 6 = (x - 1)(x + 6)$ (4) $x^2 - x - 6 = (x - 3)(x + 2)$

(5) $x^2 - 4x + 3 = (x - 3)(x - 1)$ (6) $25x^2 - 20x + 4 = (5x - 2)^2$

(7) $4x^2 - 4x - 3 = (2x - 3)(2x + 1)$ (8) $9x^2 + 21x + 10 = (3x + 2)(3x + 5)$

(9) $6x^2 - x - 15 = (2x + 3)(3x - 5)$ (10) $6x^2 - 5x - 6 = (2x - 3)(3x + 2)$

問題 17–2
(1) $x^2 + 4x + 3 = (x + 1)(x + 3) = 0,\ x = -3, -1.$

(2) $x^2 + 7x - 18 = (x + 9)(x - 2) = 0,\ x = -9, 2.$

(3) $x^2 - 5x - 6 = (x - 6)(x + 1) = 0,\ x = -1, 6.$

(4) $x^2 - 6x - 16 = (x - 8)(x + 2) = 0,\ x = -2, 8.$

(5)　$6x^2 - 23x - 4 = (6x + 1)(x - 4) = 0,\ \ x = -\dfrac{1}{6}, 4.$

(6)　$4x^2 + 5x + 1 = (4x + 1)(x + 1) = 0,\ \ x = -\dfrac{1}{4}, -1.$

(7)　$4x^2 - 7x - 15 = (4x + 5)(x - 3) = 0,\ \ x = -\dfrac{5}{4}, 3.$

(8)　$3x^2 + 10x - 8 = (3x - 2)(x + 4) = 0,\ \ x = -4, \dfrac{2}{3}.$

(9)　$x = \dfrac{-b \pm \sqrt{b^2 - 4ac}}{2a} = \dfrac{-(-7) \pm \sqrt{(-7)^2 - 4 \times 2 \times 4}}{2 \times 2} = \dfrac{7 \pm \sqrt{17}}{4}$

(10)　$x = \dfrac{-b \pm \sqrt{b^2 - 4ac}}{2a} = \dfrac{-(-5) \pm \sqrt{(-5)^2 - 4 \times 3 \times 1}}{2 \times 3} = \dfrac{5 \pm \sqrt{13}}{6}$

問題 17–3

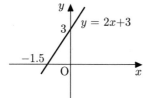

問題 17–4

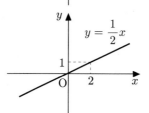

問題 17–5

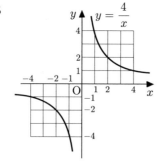

問題 17–6

(1)　辺ごとに足すと，$8x = 24$ となり，$x = 3,\ y = 7.$

(2)　辺ごとに足すと，$3x = 12$ となり，$x = 4,\ y = 3.$

(3)　辺ごとに足すと，$5x = 15$ となり，$x = 3,\ y = -2.$

(4) 「上式 + 2 × 下式」は, $5x = 15$ となり, $x = 3$, $y = -2$.

(5) 「上式 − 2 × 下式」は, $5y = -30$ となり, $y = -6$, $x = 4$.

(6) 「2 × 上式 − 3 × 下式」は, $-23y = -69$ となり, $y = 3$, $x = -2$.

問題 17–7　$y = 2x^2 - 8x + 7 = 2(x - 2)^2 - 1$

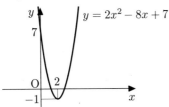

問題 17–8

(1) y を消去すると, $-\dfrac{x^2}{2} = x - \dfrac{3}{2}$. $x^2 + 2x - 3 = (x + 3)(x - 1) = 0$ より,

$x = -3, 1$. 交点は, $(x, y) = \left(-3, -\dfrac{9}{2}\right), \left(1, -\dfrac{1}{2}\right)$.

(2) y を消去すると, $\dfrac{x^2}{2} = -x + 4$. $x^2 + 2x - 8 = (x + 4)(x - 2) = 0$ より,

$x = -4, 2$. 交点は, $(x, y) = (-4, 8),\ (2, 2)$.

問題 17–9　ここでは, 標準形に直して, 最大値または最小値を求める.

(1) 下に凸で, $y = x(x - 1) = x^2 - x = \left(x - \dfrac{1}{2}\right)^2 - \dfrac{1}{4}$ と式変形できるので,

$x = \dfrac{1}{2}$ のとき, 最小値 $y = -\dfrac{1}{4}$.

(2) 上に凸で, $y = -3x^2 + 4x - 1 = -3\left(x^2 - \dfrac{4}{3}x\right) - 1 = -3\left(x - \dfrac{2}{3}\right)^2 + \dfrac{4}{3} - 1 =$

$-3\left(x - \dfrac{2}{3}\right)^2 + \dfrac{1}{3}$ と式変形できるので, $x = \dfrac{2}{3}$ のとき, 最大値 $y = \dfrac{1}{3}$.

問題 18–1

(1) $\sin \alpha = \dfrac{b}{c}$　　　(2) $\sin \beta = \dfrac{a}{c}$　　　(3) $\cos \alpha = \dfrac{a}{c}$

(4) $\cos \beta = \dfrac{b}{c}$　　　(5) $\tan \alpha = \dfrac{b}{a}$　　　(6) $\tan \beta = \dfrac{a}{b}$

問題 18–2

(1) $x = 0$　　　(2) $x = \dfrac{\pi}{6}$　　　(3) $x = -\dfrac{\pi}{4}$

(4) $x = \dfrac{\pi}{3}$　　　(5) $x = -\dfrac{\pi}{2}$　　　(6) $x = \dfrac{\pi}{2}$

問題 18–3

(1) $x = \dfrac{\pi}{2}$　　　　　(2) $x = \dfrac{2\pi}{3}$　　　　　(3) $x = \dfrac{\pi}{4}$

(4) $x = \dfrac{5\pi}{6}$　　　　　(5) $x = 0$　　　　　(6) $x = \pi$

問題 18–4　$\tan^2 x = 5 = \dfrac{1 - \cos^2 x}{\cos^2 x}$ より，$6\cos^2 x = 1$．$0 \leqq x \leqq \dfrac{\pi}{2}$ の範囲で，

$\cos x = \dfrac{1}{\sqrt{6}} \geqq 0$．$\sin^2 x + \cos^2 x = 1$ を使って，$\sin x = \sqrt{\dfrac{5}{6}}$．

問題 18–5　$\sin^2 x + \cos^2 x = 1$ に代入して，$0.6^2 + \cos x^2 = 1$．$\cos x = 0.8 \geqq 0$ が

求まり，$\tan x = \dfrac{\sin x}{\cos x} = \dfrac{0.6}{0.8} = 0.75$．

問題 18–6　$y = r\sin(x + \theta) = r\sin x \cos\theta + r\cos x \sin\theta$ と見比べる．

(1)　$r\cos\theta = 1$，$r\sin\theta = 1$．$\sin^2\theta + \cos^2\theta = 1$ に代入すると，$\dfrac{2}{r^2} = 1$ となり，

$r = \sqrt{2}$ が求まる．$\cos\theta = \dfrac{1}{\sqrt{2}}$ かつ $\sin\theta = \dfrac{1}{\sqrt{2}}$ を満たすのは，$\theta = \dfrac{\pi}{4}$．

$y = \sin x + \cos x = \sqrt{2}\sin\left(x + \dfrac{\pi}{4}\right)$．

(2)　$r\cos\theta = 1$，$r\sin\theta = \sqrt{3}$．$\sin^2\theta + \cos^2\theta = 1$ に代入すると，$\dfrac{4}{r^2} = 1$ とな

り，$r = 2$ が求まる．$\cos\theta = \dfrac{1}{2}$ かつ $\sin\theta = \dfrac{\sqrt{3}}{2}$ を満たすのは，$\theta = \dfrac{\pi}{3}$．

$y = \sin x + \sqrt{3}\cos x = 2\sin\left(x + \dfrac{\pi}{3}\right)$．

問題 18–7　周期 L の周期関数 $y(x)$ について，$y(x) = y(x + L)$ は常に成立する．

(1)　$y = \sin 2x = \sin(2(x + L)) = \sin 2x \cos 2L + \cos 2x \sin 2L$ より，$\cos 2L = 1$
かつ $\sin 2L = 0$ であればよい．$2L = 2\pi$ のとき，これを満たし最小．よって，
$L = \pi$．

(2)　$y = 2\cos\left(\dfrac{2x}{3}\right) = 2\cos\left(\dfrac{2(x + L)}{3}\right) = 2\cos\dfrac{2x}{3}\cos\dfrac{2L}{3} - 2\sin\dfrac{2x}{3}\sin\dfrac{2L}{3}$

より，$\cos\dfrac{2L}{3} = 1$ かつ $\sin\dfrac{2L}{3} = 0$ であればよい．$\dfrac{2L}{3} = 2\pi$ のとき，これを
満たし最小．よって，$L = 3\pi$．

(3)　$y = 2\cos\left(2x - \dfrac{\pi}{2}\right) = 2\cos 2x = 2\cos(2(x + L)) = 2\cos 2x \cos 2L -$
$2\sin 2x \sin 2L$ より，$\cos 2L = 1$ かつ $\sin 2L = 0$ であればよい．$2L = 2\pi$
のとき，これを満たし最小．よって，$L = \pi$．

(4)　$y = 3\sin\dfrac{2\pi x}{5} = 3\sin\left(\dfrac{2\pi(x + L)}{5}\right) = 3\sin\dfrac{2\pi x}{5}\cos\dfrac{2\pi L}{5} + 3\cos\dfrac{2\pi x}{5}\sin\dfrac{2\pi L}{5}$

より，$\cos\dfrac{2\pi L}{5} = 1$ かつ $\sin\dfrac{2\pi L}{5} = 0$ であればよい．$\dfrac{2\pi L}{5} = 2\pi$ のとき，これを満たし最小．よって，$L = 5$.

問題 19–1

(1) $10^{0.8} \times 10^{3.2} = 10^{0.8+3.2} = 10^4$

(2) $10^{-\frac{5}{2}} \times 10^{\frac{1}{2}} = 10^{-\frac{5}{2}+\frac{1}{2}} = 10^{-2}$

(3) $\left(10^{\frac{2}{3}}\right)^2 = 10^{\frac{2}{3}\times 3} = 10^2$

(4) $10^0 = 1$

問題 19–2

(1) $\dfrac{\sqrt{x}}{\sqrt[4]{x}} = x^{\frac{1}{2}} \div x^{\frac{1}{4}} = x^{\frac{1}{2}-\frac{1}{4}} = x^{\frac{1}{4}}$

(2) $\dfrac{1}{\sqrt[4]{x^3}} = 1 \div (x^3)^{\frac{1}{4}} = x^{0-\frac{3}{4}} = x^{-\frac{3}{4}}$

(3) $\left(x^{-\frac{2}{3}}\right)^{-3} = x^{-\frac{2}{3}\times(-3)} = x^2$

(4) $\sqrt[3]{\sqrt{x}} = \left(x^{\frac{1}{2}}\right)^{\frac{1}{3}} = x^{\frac{1}{2}\times\frac{1}{3}} = x^{\frac{1}{6}}$

問題 19–3

(1) $\sqrt[5]{32} = \sqrt[5]{2^5} = 2$

(2) $\sqrt[3]{4}\sqrt[3]{2} = \sqrt[3]{4\times 2} = \sqrt[3]{8} = \sqrt[3]{2^3} = 2$

(3) $\sqrt[4]{\dfrac{9}{4}}\sqrt[4]{36} = \sqrt[4]{\dfrac{9}{4}\times 36} = \sqrt[4]{81} = \sqrt[4]{3^4} = 3$

(4) $\dfrac{\sqrt[4]{80}}{\sqrt[4]{5}} = \sqrt[4]{\dfrac{80}{5}} = \sqrt[4]{16} = \sqrt[4]{2^4} = 2$

問題 19–4

(1) $x^{0.3} \times x^{0.5} = x^{0.3+0.5} = x^{0.8}$

(2) $x^2 \div x^5 = x^{2-5} = x^{-3}$

(3) $(\sqrt[3]{x})^6 = \left(x^{\frac{1}{3}}\right)^6 = x^{\frac{1}{3}\times 6} = x^2$

(4) $\sqrt[3]{x^6} = (x^6)^{\frac{1}{3}} = x^{6\times\frac{1}{3}} = x^2$

問題 19–5

(1) $\log_2 8 = \log_2 2^3 = 3$

(2) $\log_{10}\sqrt{10} = \log_{10}10^{\frac{1}{2}} = \dfrac{1}{2}$

(3) $\log_2 \sqrt[5]{2} = \log_2 2^{\frac{1}{5}} = \dfrac{1}{5}$

(4) $\log_4 1 = \log_4 4^0 = 0$

問題 19–6

(1) $\log_{10} 4 + \log_{10} 25 = \log_{10}(4\times 25) = \log_{10} 100 = \log_{10} 10^2 = 2$

(2) $\log_2 12 - \log_2 3 = \log_2\left(\dfrac{12}{3}\right) = \log_2 4 = \log_2 2^2 = 2$

(3) $\log_{10} 40 - \log_{10} 4 = \log_{10}\left(\dfrac{40}{4}\right) = \log_{10} 10 = 1$

(4) $\log_{10}\dfrac{5}{3} + \log_{10} 6 = \log_{10}\left(\dfrac{5}{3}\times 6\right) = \log_{10} 10 = 1$

問題 19–7

(1) $\log_{10} x = 2$ を指数に戻して，$x = 10^2 = 100$.

(2) $\log_{10} x = -2$ を指数に戻して，$x = 10^{-2} = 0.01$.

(3) $\log_x 8 = \log_x 2^3 = 3$ より, $\log_x 2 = 1$. これを指数に戻して, $x = 2$.

(4) $\log_x \sqrt{10} = \log_x 10^{\frac{1}{2}} = \dfrac{1}{2}$ より, $\log_x 10 = 1$. これを指数に戻して, $x = 10$.

問題 19–8

(1) $\log_3 10 = \dfrac{\log_{10} 10}{\log_{10} 3} = \dfrac{1}{a}$

(2) $\log_{\sqrt{10}} 9 = \dfrac{\log_{10} 9}{\log_{10} 10^{\frac{1}{2}}} = \dfrac{\log_{10} 3^2}{\frac{1}{2}} = 2 \times 2\log_{10} 3 = 4a$

(3) $\log_{100} \sqrt[4]{3} = \dfrac{\log_{10} \sqrt[4]{3}}{\log_{10} 100} = \dfrac{\log_{10} 3^{\frac{1}{4}}}{\log_{10} 10^2} = \dfrac{\frac{1}{4}\log_{10} 3}{2} = \dfrac{a}{8}$

問題 20–1

(1) $n = 4$

(2) $t^{n-1} = t^{4-1} = t^3$

(3) t^n の t での微分が $(t^n)' = nt^n$ と計算できることを用いる. $v(t) = x'(t) = (t^3)' = 4t^3$

問題 20–2

(1) $n = 4$

(2) $\dfrac{1}{n+1} = \dfrac{1}{4+1} = \dfrac{1}{5}$

(3) $t^{n+1} = t^{4+1} = t^5$

(4) t^n の t での不定積分が $\displaystyle\int t^n dt = \dfrac{1}{n+1} t^{n+1} + C$ (C は積分定数) と計算できることを用いる. $v(t) = \displaystyle\int a(t) dt = \displaystyle\int t^4 dt = \dfrac{1}{5} t^5 + C$

問題 20–3

(1) $f(x) = x^2 + 3x - 2$ に $x + \Delta x$ を代入し, Δx のべきで整理すると, $f(x + \Delta x) = (x + \Delta x)^2 + 3(x + \Delta x) - 2 = x^2 + 3x - 2 + (2x+3)\Delta x + (\Delta x)^2$ となる.

$$f'(x) = \lim_{\Delta x \to 0} \frac{f(x + \Delta x) - f(x)}{\Delta x} = \lim_{\Delta x \to 0} \frac{(2x+3)\Delta x + (\Delta x)^2}{\Delta x}$$
$$= \lim_{\Delta \to 0} 2x + 3 + \Delta x = 2x + 3$$
$$f'(2) = 2 \times 2 + 3 = 7$$

(2) $f(x) = 3x^4 - 5x^3 + 2$ に $x + \Delta x$ を代入し, Δx のべきで整理する.

$(x + \Delta x)^4 = x^4 + 4x^3\Delta x + 6x^2(\Delta x)^2 + 4x(\Delta x)^3 + (\Delta x)^4$,

$(x + \Delta x)^3 = x^3 + 3x^2\Delta x + 3x(\Delta x)^2 + (\Delta x)^3$

$$f(x + \Delta x) = 3x^4 - 5x^3 + 2 + (12x^3 - 15x^2)\Delta x + (18x^2 - 15x)(\Delta x)^2$$
$$+ (12x - 5)(\Delta x)^3 + 3(\Delta x)^4$$

$$f'(x) = \lim_{\Delta x \to 0} \frac{f(x + \Delta x) - f(x)}{\Delta x}$$

$$= \lim_{\Delta x \to 0} \frac{(12x^3 - 15x^2)\Delta x + (18x^2 - 15x)(\Delta x)^2 + (12x - 5)(\Delta x)^3 + (\Delta x)^4}{\Delta x}$$

$$= \lim_{\Delta x \to 0} 12x^3 - 15x^2 + (18x^2 - 15x)\Delta x + (12x - 5)(\Delta x)^2 + (\Delta x)^3$$

$$= 12x^3 - 15x^2$$

$$f'(2) = 12 \times 2^3 - 15 \times 2^2 = 36$$

問題 20–4

(1) $\displaystyle f(x) = \int 3 \, dx = \int 3x^0 dx = 3 \times \frac{x^{0+1}}{0+1} + C = 3x + C$

(2) $\displaystyle f(x) = \int x^3 dx = \frac{x^{3+1}}{3+1} + C = \frac{x^4}{4} + C$

(3) $\displaystyle f(x) = \int x^4 dx = \frac{x^{4+1}}{4+1} + C = \frac{x^5}{5} + C$

(4) $\displaystyle f(x) = \int (2x^2 + 3x - 5) \, dx = \int (2x^2 + 3x^1 - 5x^0) \, dx$

$$= 2 \times \frac{x^{2+1}}{2+1} + 3 \times \frac{x^{1+1}}{1+1} - 5 \times \frac{x^{0+1}}{0+1} + C = \frac{2}{3}x^3 + \frac{3}{2}x^2 - 5x + C$$

問題 20–5

(1) $f(x) = 5x^3 - 2x^2 + 3x^1 + 1x^0 + x^{-2}$ を微分すると,

$$f'(x) = 5 \times 3x^{3-1} - 2 \times 2x^{2-1} + 3 \times 1x^{1-1} + 1 \times 0 + (-2)x^{-2-1}$$
$$= 15x^2 - 4x + 3 - 2x^{-3}.$$
$$f'(1) = 15 \times 1^2 - 4 \times 1 + 3 - 2 \times 1^{-3} = 15 - 4 + 3 - 2 = 12$$

(2) $f(x) = \dfrac{1}{3}x^3 + 4x^2 + 6x^1 - 3x^0$ を微分すると,

$$f(x) = \frac{1}{3} \times 3x^{3-1} + 4 \times 2x^{2-1} + 6 \times 1x^{1-1} - 3 \times 0 = x^2 + 8x + 6.$$
$$f'(1) = 1^2 + 8 \times 1 + 6 = 1 + 8 + 6 = 15$$

問題 20–6

(1) $\displaystyle \int_1^3 3x \, dx = \left[\frac{3}{2}x^2 \right]_1^3 = \left(\frac{3}{2} \times 3^2 \right) - \left(\frac{3}{2} \times 1^2 \right) = 12$

(2) $\displaystyle \int_1^3 (3x^2 + 2x + 5) \, dx = \left[x^3 + x^2 + 5x \right]_1^3 = (3^3 + 3^2 + 5 \times 3) - (1^3 + 1^2 + 5 \times 1) = 44$

(3) $\displaystyle\int_{-2}^{2}\left(3x^2 - 5x + \frac{1}{3}\right)dx = \left[x^3 - \frac{5}{2}x^2 + \frac{1}{3}x\right]_{-2}^{2}$

$\displaystyle = \left(2^3 - \frac{5}{2}\times 2^2 + \frac{1}{3}\times 2\right) - \left((-2)^3 - \frac{5}{2}\times(-2)^2 + \frac{1}{3}\times(-2)\right) = \frac{52}{3}$

(4) $\displaystyle\int_{-1}^{2}(5x^4 + 8x^3 + 6x^2 - 7x + 1)\,dx = \left[x^5 + 2x^4 + 2x^3 - \frac{7}{2}x^2 + x\right]_{-1}^{2}$

$\displaystyle = \left(2^5 + 2\times 2^4 + 2\times 2^3 - \frac{7}{2}\times 2^2 + 2\right)$

$\displaystyle \qquad\qquad - \left((-1)^5 + 2\times(-1)^4 + 2\times(-1)^3 - \frac{7}{2}\times(-1)^2 + (-1)\right)$

$\displaystyle = \frac{147}{2}$

問題 20–7　(1)～(5) は合成関数の微分, (6) は積の微分を行う.

(1)　$y = 5x + 2$ とおく. $f(y) = y^4$, $\dfrac{df}{dy} = 4y^3$, $\dfrac{dy}{dx} = 5$.

$$f'(x) = \frac{df}{dy}\frac{dy}{dx} = 4\times(5x+2)^3\times 5 = 20(5x+2)^3$$

(2)　$y = 2x$ とおく. $f(y) = 3\cos y$, $\dfrac{df}{dy} = -3\sin y$, $\dfrac{dy}{dx} = 2$.

$$f'(x) = \frac{df}{dy}\frac{dy}{dx} = 3\times(-\sin 2x)\times 2 = -6\sin 2x$$

(3)　$y = 4x$ とおく. $f(y) = 5\sin y$, $\dfrac{df}{dy} = 5\cos y$, $\dfrac{dy}{dx} = 4$.

$$f'(x) = \frac{df}{dy}\frac{dy}{dx} = 5\times(\cos 4x)\times 4 = 20\cos 4x$$

(4)　$y = 4x$ とおく. $f(y) = \log y$, $\dfrac{df}{dy} = \dfrac{1}{y}$, $\dfrac{dy}{dx} = 4$.

$$f'(x) = \frac{df}{dy}\frac{dy}{dx} = \left(\frac{1}{4x}\right)\times 4 = \frac{1}{x}$$

(5)　$y = 3x$ とおく. $f(y) = e^y$, $\dfrac{df}{dy} = e^y$, $\dfrac{dy}{dx} = 3$. $f(x) = e^{3x}\times 3 = 3e^{3x}$

(6)　$f(x) = 2x\sin x = (2x)\sin x$ と考える. $f'(x) = (2x)'\sin x + 2x(\sin x)' = 2\sin x + 2x\cos x$

問題 20–8

(1)　$f(x) = 3^x$ の対数をとると, $x = \log_3 f$. これを x で微分すると,

$1 = \dfrac{d}{dx}(\log_3 f) = \dfrac{df}{dx}\dfrac{d}{df}\left(\dfrac{\log_e f}{\log_e 3}\right) = \dfrac{df}{dx}\dfrac{1}{\log_e 3\cdot f}$. $f' = \dfrac{df}{dx} = \log_e 3\cdot$

f. $f'(2) = 2\log_e 3$.

(2)　$f'(x) = e^x,\ f'(2) = e^2.$

(3)　$f(x) = \log_{10} x = \dfrac{\log_e x}{\log_e 10}$ を微分すると，$f'(x) = \dfrac{1}{\log_e 10 \cdot x}.$　$f'(2) = \dfrac{1}{2\log_e 10}$

(4)　$f'(x) = \dfrac{1}{x},\ f'(2) = \dfrac{1}{2}.$

(5)　$f'(x) = 5 \times e^{2x} \times 2 = 10e^{2x},\ f'(2) = 10e^{2\times 2} = 10e^4.$

(6)　$f(x) = 4\log_e x^2 = 8\log_e x,\ f'(x) = \dfrac{8}{x},\ f'(2) = \dfrac{8}{2} = 4.$

問題 20–9

(1)　$f'(x) = 2\cos x + \sin x,\ f'\left(\dfrac{\pi}{3}\right) = 2\cos\dfrac{\pi}{3} + \sin\dfrac{\pi}{3} = 2\times\dfrac{1}{2} + \dfrac{\sqrt{3}}{2} = 1 + \dfrac{\sqrt{3}}{2}.$

(2)　$f'(x) = 3\cos x - 5\sin x,\ f'\left(\dfrac{\pi}{3}\right) = 3\cos\dfrac{\pi}{3} - 5\sin\dfrac{\pi}{3} = 3\times\dfrac{1}{2} - 5\times\dfrac{\sqrt{3}}{2} = \dfrac{3 - 5\sqrt{3}}{2}$

問題 20–10　　積分定数を C とする.

(1)　$\displaystyle\int (2\sin x - 3\cos x)\,dx = -2\cos x - 3\sin x + C$

(2)　$\displaystyle\int (-3\sin x + 5\cos x)\,dx = 3\cos x + 5\sin x + C$

(3)　$\displaystyle\int 3e^x\,dx = 3e^x + C$

(4)　$3^x = e^y$ とおき，$x\log_e 3 = y$ のように対数をとる. これを微分すると，
$\dfrac{dy}{dx} = \dfrac{1}{\log_e 3}.$　$\displaystyle\int 3^x\,dx = \int \dfrac{e^y}{\log_e 3}\,dy = \dfrac{e^y}{\log_e 3} + C = \dfrac{3^x}{\log_e 3} + C$

問題 20–11

(1)　$\displaystyle\int_0^{\frac{\pi}{2}} (\sin x - 2\cos x)\,dx = \Big[-\cos x - 2\sin x\Big]_0^{\frac{\pi}{2}}$
$= \left(-\cos\dfrac{\pi}{2} - 2\sin\dfrac{\pi}{2}\right) - (\cos 0 - 2\sin 0) = -1$

(2)　$\displaystyle\int_0^{\pi} (2\sin x + \cos x)\,dx \Big[-2\cos x + \sin x\Big]_0^{\pi} = -2\cos\pi + \sin\pi + 2\cos 0 - \sin 0 = 4$

(3)　$\displaystyle\int_1^2 3e^x\,dx = \Big[3e^x\Big]_1^2 = 3e^2 - 3e$

(4)　$\displaystyle\int_1^2 \dfrac{2}{x}\,dx = \Big[2\log x\Big]_1^2 = 2\log 2 - 2\log 1 = 2\log 2$

問題 21–1 C, C' は積分定数である.

(1) $\displaystyle\int dx = \int 0\,dt$ より, $x = C$. $x(0) = C = x_0$ なので, $x(t) = x_0$

(2) $\dot{x} = \dfrac{dx}{dt}$ とすると, $\displaystyle\int d\dot{x} = \int 0\,dt$ より, $\dot{x} = C$. $\dot{x}(0) = C = v_0$ なので,

$\dot{x}(t) = v_0$. 次に, $\dfrac{dx}{dt} = v_0$ を積分すると, $\displaystyle\int dx = \int v_0\,dt$, $x = v_0 t + C'$.

$x(0) = C' = x_0$ なので, $x(t) = v_0 t + x_0$.

問題 21–2 C, C_1, C_2 は積分定数である.

(1) $\displaystyle\int dx = \int 3\,dt$, $x = 3t + C$.

(2) $\displaystyle\int dx = \int 4t\,dt$, $x = 2t^2 + C$.

(3) $\displaystyle\int dx' = \int 2\,dt$, $x' = 2t + C_1$. $\displaystyle\int dx = \int (2t + C_1)\,dt$, $x = t^2 + C_1 t + C_2$

(4) $\displaystyle\int dx' = \int 3t\,dt$, $x' = \dfrac{3}{2}t^2 + C_1$. $\displaystyle\int dx = \int \left(\dfrac{3}{2}t^2 + C_1\right) dt$, $x = \dfrac{1}{2}t^3 + C_1 t + C_2$.

問題 21–3 C_1, C_2 は積分定数である.

(1) $\displaystyle\int dx' = \int -5\,dt$, $x' = -5t + C_1$. $t = 0$ のとき, $\dfrac{dx}{dt} = C_1 = 2$ なので,

$x' = -5t + 2$. もう一度積分すると, $\displaystyle\int dx = \int (-5t + 2)\,dt$, $x = -\dfrac{5}{2}t^2 + 2t + C_2$.

$t = 0$ のとき, $x = C_2 = 3$ なので, $x = -\dfrac{5}{2}t^2 + 2t + 3$.

(2) $\displaystyle\int dx' = \int 2t\,dt$, $x' = t^2 + C_1$. $t = 0$ のとき, $\dfrac{dx}{dt} = C_1 = 3$ なので,

$x' = t^2 + 3$. もう一度積分すると, $\displaystyle\int dx = \int (t^2 + 3)\,dt$, $x = \dfrac{1}{3}t^3 + 3t + C_2$.

$t = 0$ のとき, $x = C_2 = 4$ なので, $x = \dfrac{1}{3}t^3 + 3t + 4$.

問題 21–4 $\displaystyle\int \dfrac{dx}{x+1} = \int \dfrac{dt}{t+1}$, $\log|x+1| = \log|t+1| + C$. C は積分定数である. $\dfrac{x+1}{t+1} = e^C = C'$ より, $x = C't + C' - 1$ C' は積分定数.

問題 21–5 $\displaystyle\int \dfrac{dx}{x} = \int 2t\,dt$, $\log|x| = t^2 + C$. C は積分定数である. $x = e^C e^{t^2}$, $x = C' e^{t^2}$. C' は積分定数.

問題 21−6　特性方程式は，$\lambda^2 - \lambda - 6 = 0$ となる．$\lambda^2 - \lambda - 6 = (\lambda - 3)(\lambda + 2) = 0$ より，λ は -2 と 3 である．基本解は，e^{-2t} と e^{3t} である．一般解は，$x = C_1 e^{-2t} + C_2 e^{3t}$ となる．ここで，C_1, C_2 は任意の定数．

問題 21−7　特性方程式は，$\lambda^2 - 2\lambda + 2 = 0$ となる．解の公式より，特性方程式の解は $1 + i$ と $1 - i$ である．基本解は，$e^{(1+i)t}$ と $e^{(1-i)t}$ である．一般解は，$x = C_1 e^{(1+i)t} + C_2 e^{(1-i)t}$ となる．ここで，C_1, C_2 は任意の定数．オイラーの公式を使って，$x = e^t (A \sin t + B \cos t)$ $(A, B$ は任意の定数$)$ のように一般解を表すこともできる．

問題 22−1

(1)　$f_x = \dfrac{\partial f}{\partial x} = 8x + 2y,\ f_y = \dfrac{\partial f}{\partial y} = 2x + 2y.$

(2)　$f_x = \dfrac{\partial f}{\partial x} = 12xe^y + 7y,\ f_y = \dfrac{\partial f}{\partial y} = 6x^2 e^y + 7x - 5\cos y.$

(3)　$f_x = \dfrac{\partial f}{\partial x} = 8\cos(2x - y),\ f_y = \dfrac{\partial f}{\partial y} = -4\cos(2x - y).$

(4)　$f_x = \dfrac{\partial f}{\partial x} = 2x,\ f_y = \dfrac{\partial f}{\partial y} = 2y.$

問題 22−2　$f_x = -x(x^2 + y^2)^{-\frac{3}{2}}$,

$f_{xx} = -(x^2 + y^2)^{-\frac{3}{2}} + 3x^2(x^2 + y^2)^{-\frac{5}{2}} = (2x^2 - y^2)(x^2 + y^2)^{-\frac{5}{2}}$

$f_y = -y(x^2 + y^2)^{-\frac{3}{2}}$,

$f_{yy} = -(x^2 + y^2)^{-\frac{3}{2}} + 3y^2(x^2 + y^2)^{-\frac{5}{2}} = (-x^2 + 2y^2)(x^2 + y^2)^{-\frac{5}{2}}$

問題 22−3　合成関数の微分をする．

u を x で偏微分．$u_x = f'(x + ct) + g'(x - ct),\ u_{xx} = f''(x + ct) + g''(x - ct)$

u を t で偏微分．$u_t = cf'(x + ct) - cg'(x - ct),\ u_{tt} = c^2 f''(x + ct) + c^2 g''(x - ct)$

よって，$u_{tt} = c^2 u_{xx}$ つまり $\dfrac{\partial^2 u}{\partial t^2} = c^2 \dfrac{\partial^2 u}{\partial x^2}$ を満たす．

問題 22−4

(1)　$-\dfrac{\partial U(x, y, z)}{\partial x} = -\dfrac{GMm}{x^2 + y^2 + z^2} \dfrac{x}{\sqrt{x^2 + y^2 + z^2}}$

(2)　$-\dfrac{\partial U(x, y, z)}{\partial y} = -\dfrac{GMm}{x^2 + y^2 + z^2} \dfrac{y}{\sqrt{x^2 + y^2 + z^2}}$

(3)　$-\dfrac{\partial U(x, y, z)}{\partial z} = -\dfrac{GMm}{x^2 + y^2 + z^2} \dfrac{z}{\sqrt{x^2 + y^2 + z^2}}$

$r = \sqrt{x^2 + y^2 + z^2}$ とすると，$-\dfrac{\partial U(x, y, z)}{\partial x} = -\dfrac{GMm}{r^2} \dfrac{x}{r}$ のように表せる．

3つをまとめると, $\dfrac{GMm}{r^2}\left(-\dfrac{x}{r}, -\dfrac{y}{r}, -\dfrac{z}{r}\right)$ となり, 大きさが $\dfrac{GMm}{r^2}$ で, 向き (単位ベクトル) が $\left(-\dfrac{x}{r}, -\dfrac{y}{r}, -\dfrac{z}{r}\right)$ で表される万有引力である.

問題 23–1

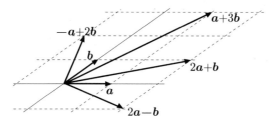

問題 23–2

(1)

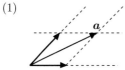

(2)

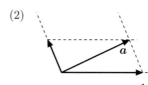

(3)

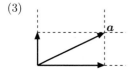

(4)

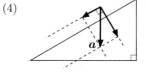

問題 23–3

(1) $\boldsymbol{a} = (3, 2),\ \boldsymbol{b} = (-1, 3)$
(2) $\boldsymbol{a} = (-3, -3),\ \boldsymbol{b} = (0, -3)$

問題 23–4

(1) 大きさは $a = \sqrt{2^2 + (-2)^2} = 2\sqrt{2}$, 単位ベクトルは $\boldsymbol{n} = \dfrac{\boldsymbol{a}}{a} = \dfrac{(2, -2)}{2\sqrt{2}} = \left(\dfrac{\sqrt{2}}{2}, -\dfrac{\sqrt{2}}{2}\right)$.

(2) 大きさは $a = \sqrt{3^2 + (-4)^2} = \sqrt{25} = 5$, 単位ベクトルは $\boldsymbol{n} = \dfrac{\boldsymbol{a}}{a} = \dfrac{(3, -4)}{5} = \left(\dfrac{3}{5}, -\dfrac{4}{5}\right)$.

(3) 大きさは $a = \sqrt{(-12)^2 + 5^2}$, 単位ベクトルは $\boldsymbol{n} = \dfrac{\boldsymbol{a}}{a} = \dfrac{(-12, 5)}{13} = \left(-\dfrac{12}{13}, \dfrac{5}{13}\right)$.

問題 23–5

(1) $\boldsymbol{a} + 2\boldsymbol{b} = (1, 3) + 2(1, -2) = (1 + 2, 3 - 4) = (3, -1)$

(2)　$2\boldsymbol{a} - \boldsymbol{b} = 2(1,3) - (1,-2) = (2-1, 6+2) = (1,8)$

(3)　$-2\boldsymbol{a} - 3\boldsymbol{b} = -2(1,3) - 3(1,-2) = (-2-3, -6+6) = (-5,0)$

問題 23–6

(1)　$a = |\boldsymbol{a}| = \sqrt{1^2 + 3^2} = \sqrt{10},\ b = |\boldsymbol{b}| = \sqrt{1^2 + (-2)^2} = \sqrt{5},\ \boldsymbol{a} \cdot \boldsymbol{b} = 1 \times 1 + 3 \times (-2) = -5,$

$$\theta = \cos^{-1}\left(\frac{\boldsymbol{a} \cdot \boldsymbol{b}}{ab}\right) = \cos^{-1}\left(\frac{-5}{5\sqrt{2}}\right) = \cos^{-1}\left(\frac{-1}{\sqrt{2}}\right) = \frac{3\pi}{4}\ \text{rad}$$

(2)　$a = |\boldsymbol{a}| = \sqrt{1^2 + 2^2} = \sqrt{5},\ b = |\boldsymbol{b}| = \sqrt{2^2 + 4^2} = 2\sqrt{5},\ \boldsymbol{a} \cdot \boldsymbol{b} = 1 \times 2 + 2 \times 4 = 10,$

$$\theta = \cos^{-1}\left(\frac{\boldsymbol{a} \cdot \boldsymbol{b}}{ab}\right) = \cos^{-1}\left(\frac{10}{10}\right) = \cos^{-1}(1) = 0\ \text{rad}$$

(3)　$a = |\boldsymbol{a}| = \sqrt{(-2)^2 + 1^2} = \sqrt{5},\ b = |\boldsymbol{b}| = \sqrt{1^2 + 2^2} = \sqrt{5},\ \boldsymbol{a} \cdot \boldsymbol{b} = (-2) \times 1 + 1 \times 2 = 0,$

$$\theta = \cos^{-1}\left(\frac{\boldsymbol{a} \cdot \boldsymbol{b}}{ab}\right) = \cos^{-1}\left(\frac{0}{5}\right) = \frac{\pi}{2}\ \text{rad}$$

問題 23–7

(1)　$\boldsymbol{a} \cdot \boldsymbol{b} = 1 \times 1 + 0 \times (-2) + 3 \times 0 = 1,$
　　$\boldsymbol{a} \times \boldsymbol{b} = (0 \times 0 - (-2) \times 3, 3 \times 1 - 0 \times 1, 1 \times (-2) - 1 \times 0) = (6, 3, -2)$

(2)　$\boldsymbol{a} \cdot \boldsymbol{b} = 1 \times 0 + 0 \times 2 + 0 \times 0 = 0,$
　　$\boldsymbol{a} \times \boldsymbol{b} = (0 \times 0 - 2 \times 0, 0 \times 0 - 0 \times 1, 1 \times 2 - 0 \times 0) = (0, 0, 2)$

(3)　$\boldsymbol{a} \cdot \boldsymbol{b} = 0 \times 0 + 2 \times (-3) + 2 \times 3 = 0,$
　　$\boldsymbol{a} \times \boldsymbol{b} = (2 \times 3 - (-3) \times 2, 2 \times 0 - 3 \times 0, 0 \times (-3) - 0 \times 2) = (12, 0, 0)$

付録

▍物理量を表す記号▍

量	英語	記号
座標	Cartesian space coordinate	x, y, z
高さ	height	h
移動距離	space	s
長さ	length	l
速度	velocity	v
時間	time	t
質量	mass	m
加速度	acceleration	a
力	force	F
密度	density	ρ
圧力	pressure	P
体積	volume	V
重力加速度	gravitational acceleration	g
垂直抗力	normal force	N
摩擦力	frictional force	f
張力	tension	$T(S)$
仕事	work	W
仕事率	power	P
運動エネルギー	kinetic energy	$K(T)$
位置エネルギー	potential energy	U
力学的エネルギー	mechanical energy	E
運動量	momentum	p
角運動量	angular momentum	L
力のモーメント	moment of force	N

▌接頭語▌

記号	接頭語	大きさ	記号	接頭語	大きさ
Y	ヨタ (yotta)	10^{24}	d	デシ (deci)	10^{-1}
Z	ゼタ (zetta)	10^{21}	c	センチ (centi)	10^{-2}
E	エクサ (exa)	10^{18}	m	ミリ (milli)	10^{-3}
P	ペタ (peta)	10^{15}	μ	マイクロ (micro)	10^{-6}
T	テラ (tera)	10^{12}	n	ナノ (nano)	10^{-9}
G	ギガ (giga)	10^{9}	p	ピコ (pico)	10^{-12}
M	メガ (mega)	10^{6}	f	フェムト (femto)	10^{-15}
k	キロ (kilo)	10^{3}	a	アト (atto)	10^{-18}
h	ヘクト (hecto)	10^{2}	z	ゼプト (zepto)	10^{-21}
da	デカ (deca)	10^{1}	y	ヨクト (yocto)	10^{-24}

▌ギリシア文字▌

大文字	小文字	名称	大文字	小文字	名称
A	α	アルファ (alpha)	N	ν	ニュー (nu)
B	β	ベータ (beta)	Ξ	ξ	クシー，グザイ (ksi,xi)
Γ	γ	ガンマ (gamma)	O	o	オミクロン (omicron)
Δ	δ	デルタ (delta)	Π	π	パイ (pi)
E	ε	イプシロン (epsilon)	P	ρ	ロー (rho)
Z	ζ	ゼータ (zeta)	Σ	σ	シグマ (sigma)
H	η	エータ (eta)	T	τ	タウ (tau)
Θ	θ	シータ (theta)	Y	υ	ウプシロン (upsilon)
I	ι	イオタ (iota)	Φ	φ,ϕ	フィー，ファイ (phi)
K	κ	カッパ (kappa)	X	χ	カイ (khi,chi)
Λ	λ	ラムダ (lambda)	Ψ	ψ	プシー，プサイ (psi)
M	μ	ミュー (mu)	Ω	ω	オメガ (omega)

索　引

著者 (五十音順)

鴈野 重之（かりの しげゆき）　九州産業大学　理工学部

中村 賢仁（なかむら けんじ）　九州産業大学　理工学部

三澤 賢明（みさわ まさあき）　岡山大学大学院　自然科学研究科

演習で学ぶ力学の初歩（えんしゅうでまなぶりきがくのしょほ）

2015 年 3 月 30 日	第 1 版	第 1 刷	発行	
2018 年 3 月 30 日	第 1 版	第 4 刷	発行	
2019 年 3 月 30 日	第 2 版	第 1 刷	発行	
2023 年 3 月 10 日	第 2 版	第 5 刷	発行	

著　者　　鴈野 重之（かりの しげゆき）
　　　　　中村 賢仁（なかむら けんじ）
　　　　　三澤 賢明（みさわ まさあき）

発 行 者　　発田 和子

発 行 所　　株式会社 学術図書出版社

〒113-0033　東京都文京区本郷 5 丁目 4 の 6
TEL 03-3811-0889　振替 00110-4-28454
印刷　三和印刷 (株)

定価はカバーに表示してあります.